面向印刷出版业的
信息资源管理研究

MIANXIANG YINSHUA CHUBANYE DE
XINXI ZIYUAN GUANLI YANJIU

彭俊玲　杨　雯　编著

图书在版编目（CIP）数据

面向印刷出版业的信息资源管理研究 / 彭俊玲，杨雯编著
. — 北京 ：文化发展出版社，2022.11
ISBN 978-7-5142-3741-2

Ⅰ．①面… Ⅱ．①彭… ②杨… Ⅲ．①印刷工作－信息管理－研究②出版工作－信息管理－研究 Ⅳ．① TS8 ② G230.7

中国版本图书馆 CIP 数据核字 (2022) 第 062904 号

面向印刷出版业的信息资源管理研究

彭俊玲 杨雯 编著

出 版 人：武 赫
责任编辑：朱 言　　责任校对：岳智勇
责任印制：邓辉明　　封面设计：郭 阳
出版发行：文化发展出版社（北京市翠微路 2 号 邮编：100036）
发行电话：010-88275993 010-88275711
网　　址：www.wenhuafazhan.com
经　　销：全国新华书店
印　　刷：中煤（北京）印务有限公司

开　　本：710mm × 1000mm 1/16
字　　数：165 千字
印　　张：9.75
版　　次：2022 年 11 月第 1 版
印　　次：2022 年 11 月第 1 次印刷

定　　价：45.00 元
I S B N：978-7-5142-3741-2

Preface

前 言

本书运用图书馆学情报学的理论和方法探讨了面向印刷出版业的信息资源管理的有关问题，首先提出了在北京印刷学院设立信息资源管理一级学科的初步构想，在一级学科下面凝练出三个专业方向，一个是具有印刷出版文化基本属性又与图书文献领域相交叉融合而形成的特色方向“文献遗产与书籍文化”，其他两个方向分别是专业图书馆管理和情报学研究；然后运用文献检索与情报分析方法，对出版业相关领域的信息资源建设与数字资源开发利用状况进行了综合分析和梳理总结，还运用竞争情报与产业竞争情报的基本理论和研究方法，对中国印刷产业进行了全方位的信息扫描、在世界全球印刷产业范围内进行定标比超与竞争态势分析；同时还探讨了印刷出版行业性图书馆开展信息资源管理与服务的实践经验，北京印刷学院图书馆的版本文献保护与开发利用实践、笔者本人曾经主持完成的两项国家社科基金项目“我国印刷业文化遗产保护对策研究”和“我国出版业文化遗产保护对策研究”等工作和学术研究经历，都与凝练出的特色方向“文献遗产与书籍文化”密切相关。

得益于北京市教育委员会“科技服务能力建设”专项并在学校支持下开展的信息资源管理一级学科培育建设项目，笔者在立项之初就计划写出一本先导性专著《面向印刷出版业的信息资源管理研究》，这是“前无古人”的一种尝试，前后只有一年的学科培育建设时间，初步积累探索的观点与思路难免有不严谨和不成熟之处，在此不揣浅陋分享出来，希望得到方家批评指正，也期待将来能够不断得以培育建设，让这株学科建设新苗能够长成一棵大树。

北京印刷学院图书馆杨雯硕士合作撰写第 5 章、第 6 章、第 7 章，北京印刷学院出版专业硕士研究生彭诗雨、魏蔚、王佳丽三位同学为有关章节提供资料，中国科学技术信息研究所陈峰博士和研究员、北京中兴新景信息技术研究院陈伟研究员、北京邮电大学潘淑文老师等专家，都为本项目研究提供了观点、资料或数据，在此一并致谢！

最后还要感谢学校党委和主管学科建设领导及相关职能部门的支持和帮助，感谢图书馆同人的大力支持和帮助！

作者

2022 年 1 月

Contents

目　录

1 概论

2 专题研究：对我国古籍刷印情况的文献信息统计分析

3 专题研究：专业出版社数字化信息资源管理研究

4 专题研究：重大出版工程图书资源管理与开发研究——以“汉译世界学术名著丛书”为例

5 专题研究：行业性图书馆开展信息资源管理与服务探析

基于产业竞争情报理论的中国印刷业研究

1 概论

1.1 本书写作缘起与内容架构

本书写作立意是探索我国印刷出版业信息资源管理的相关理论与实践问题。研究内容来自北京市教育委员会学科培育建设专项“科技创新服务能力建设（分类发展）”，本项目旨在进行北京印刷学院学科培育建设，研究目标是面向印刷出版行业的信息资源管理学科建设与人才培养。

在一个具有印刷出版行业特色且融合了工、文、艺、管学科专业的行业性院校培育建设信息资源管理一级学科（2022 年改为现名，原学科名称为“图书情报与档案管理一级学科”），是符合行业发展需要与学科交叉融合裂变规律的，也是一项与时俱进而又有挑战性的学科建设工程。脱胎于传统制造业的印刷业，历来关注的重点在于企业产品的生产制造，对于信息资源管理往往无暇顾及。但是，随着数字化网络化催生行业的升级换代，以及相关行业竞争与全球化竞争的加剧，对于信息和情报（情报乃经过组织加工后的信息）的依存度将会越来越高；出版业也离不开信息资源管理，从根本上来说，编辑工作也是一种信息资源管理，出版业的编、印、发三个环节也需要信息和情报支撑，数字出版实质上也是一种数字资源管理。所以说，在数字化网络化席卷各个行业的今天，研究印刷出版业的信息资源管理具有重要理论意义和实践意义，是与时俱进地符合时代发展趋势的。同时，这项工作以前没有人做过，现有的基础也十分薄弱，所以也是一项筚路蓝缕的先导性探索实践。本书是这项先导性探索的初步成果。

首先，我们将从信息资源管理的内涵与外延角度，以及信息资源管理的学科功能角度来分析印刷出版行业与信息资源管理的关系；其次，我们要探讨印刷出版行业院校开展信息资源管理学科建设的内涵建设问题；最后，我们要运用信息资源管理的学科理论和研究方法，主要是运用文献信息统计与分析方法、情报学方法，以及竞争情报和产业竞争情报研究方法，对印刷出版行业的有关实践问题进行研究，也是一项将学科理论应用到行业发展研究的实际演练。这三大板块构成了本书的主要内容。

具体到本书构架，除前面的“总论”进行概述式思考与引论外，其他都是进行专题研究的“分论”。初步探索的成果，难免出现粗糙浅陋之处，谨在大胆先行先试地思考，留下探索轨迹，供业界学界参考和批评指正。

1.2 信息资源管理学科的内涵及人才培养目标

信息资源管理是现代信息技术应用所产生的一种新型的信息管理理论，融合了管理科学、信息科学、组织理论、图书馆与情报学、经济学等诸多学科的知识。2022年国家公布的学科目录中，“信息资源管理一级学科”替代了原有的“图书情报与档案管理一级学科”，这说明在大数据、云计算、物联网、人工智能为代表的信息技术推动下，原有的图书情报与档案管理的学科内涵与覆盖面得以拓展和提升，所研究的对象根据其对图书馆文献资源和情报机构信息资源，以及档案馆文档资料进行管理的最大公约数——都是开展信息资源管理的基本属性而凝练提升，成为信息资源管理。信息资源管理专业也需要在新时代下打造新内涵，如今部分高校对信息资源管理专业进行文理兼收的招生政策，培养信息资源管理的专门人才。行业信息资源管理学科建设，要研究“信息、人、技术”的三者相互关系，践行“信息管理＋应用领域”的培养模式，以“数据思维、系统思维、用户思维、技术思维、管理思维”五维一体为指导，强化信息资源认知观，打造数据技能链，结合公共信息资源开发与利用场景，培养“宽口径、厚基础、多层次”的复合型信息管理专门人才。

信息资源管理专业学生主要学习信息资源管理科学的基本理论和基本知识，接受管理学、信息科学与技术方面的基本训练，能胜任数据管理、网络系统资源管理、信息系统规划建设与维护的工作，具备基本的政策分析、制度建设、信息系统建设与维护、技术应用、质量管理、管理体系建设的能力。根据数字时代信息资源管理所需专业知识与基本技能的要求，具备信息资源集成管理和电子政务系统知识与技能，在国家机关、企业、事业单位及其他社会组织从事信息组织、信息资源的开发、利用、管理与咨询服务等工作的高级复合型人才。

当然，传统的图书情报档案纸本文献资料管理的知识是信息资源管理学科的底层学科基础，不能纯粹为了“技术”而忽略“资源”，防止管理学门类下的信息资源管理学科与工程学门类下的电子信息系统或网络系统工程等混淆学科边界。

信息资源管理毕业生应获得以下几方面的知识和能力：

（1）掌握信息资源管理科学的基本理论、基本知识、基本技能；

（2）熟悉党和国家在信息资源管理方面的方针、政策和法律法规；

（3）了解国内外信息资源管理的理论前沿和应用前景，了解相关行业、产业、事业发展动态和需求；

（4）具有与培养目标需要和专业发展相适应的较强的观察力、记忆力、注意力、理解力、分析力、想象力、自我认知能力和逻辑思维能力，一定的批判性思维能力、科学研究和社会实践能力、技术应用能力，以及很强的调查研究能力、综合分析能力、口头与书面表达能力、自控与应变能力等；

（5）掌握现代管理的基本方法、信息资源管理专业技能和相应的信息技术应用方法。

各学校专业课设置略有差异，包括但不限于以下课程：

专业必修课：管理学原理、信息管理导论、图书情报学概论、元数据、信息检索、计算机网络、程序设计、数据结构、信息组织、信息分析、大数据技术等。

专业方向课：面向对象程序设计、信息系统分析与设计、搜索引擎与推荐系统、智能决策支持系统、信息资源建设、信息服务与用户研究、信息咨询、数字图书馆、政府信息管理、信息资源体系的组织、数据库系统管理实务、信息检索技术应用、数据分析与数据挖掘技术应用实务、海量数据存储技术应用、数据维护实务、恢复迁移技术应用实务、电子取证实务、计算机网站资源系统设计、计算机网站资源系统的运行维护实务等。

信息资源管理专业毕业生大多在高校、企事业单位、信息服务机构等从事知识管理、信息分析、信息利用和知识服务等工作。比如，企事业单位的综合办公部门、文件管理部门、档案管理部门、信息管理部门、知识管理部门、人事管理部门；互联网公司的互联网产品策划及运营，咨询公司的信息分析；国家各级档案行政管理机构，各级各类档案馆；各类型图书馆等。

1.3 信息资源管理的主干内容

1. 信息资源组织

信息资源组织是一个将信息资源有序化的过程，信息资源组织首先要坚持一定原则：需求性原则、互补性原则、利用性原则。

2. 信息资源建设

信息资源建设相对于信息资源组织，是对信息资源更进一步的开发利用，在信息资源组织的基础上，对各种媒介来源的信息进行有机整合，也是做好用户服务的保障。

3. 信息资源服务

信息资源服务是基于用户需求对信息资源深层次的开发利用，充分挖掘信息资源的内在价值，以更好地服务用户为目标。目前国内外对信息资源服务方面的研究主要集中于信息服务、创新服务、个性化服务、知识服务、参考咨询、服务模式六个方向。

1.4 北京地区（以及印刷出版行业）对信息资源管理学科人才的需求

在2021年北京印刷学院论证建设图书情报与档案管理一级学科（2022年国家学科目录中改名为信息资源管理一级学科）时，笔者进行了这样的表述：国家文化强国战略与北京全国文化中心建设需要大量服务于文化创意产业和文化事业的信息资源管理人才。随着公共文化服务体系的建设和完善，“十三五”规划期间国家大力建设了公共文化设施，北京市要求平均每8万人就要建一座图书馆。新时代蓬勃发展的图书馆、博物馆、档案馆事业推动了图书情报档案学科的发展，尤其是对跨学科交叉多学科融合的新型人才培养模式提出了新要求。2017年1月，国务院发布《关于实施中华优秀传统文化传承发展工程的意见》，强调保护中华传统典籍文献等传统优秀文化。“无纸化”时代更凸显了对出版业传统文献档案管理与开发利用的文化遗产意义，同时，“无纸化”时代也更加需要大批掌握数字化网络化信息资源管理知识技能的人才。印刷包装企业的数字化智能化转型升级增加了对信息资源与信息系统管理的人才需求，出版印刷传媒行业竞争的加剧需要开展竞争情报研究与智库咨询等知识服务。总之，北京地区以及出版印刷传媒行业都对本学科人才存在较大需求。

已有授权点情况及人才培养、就业情况：全国范围内现有图书情报与档案管理一级学科硕士授权点40余个，北京地区高校只有三个。图书馆学作为一门具有百年悠久历史的学科，发展形成的图书情报档案学教育与时俱进，拓展了信息管理的内容，培养的人才广泛适应了社会需要。而随着文化产业上升为北京地区支柱性产业，作为重要组成部分的出版印刷传媒产业链也大量需要复合型的行业特色鲜明的图书情报和档案管理专业人才。本领域人才培养和就业还存在较大空间。

1.5 北京印刷学院建设信息资源管理一级学科的构想

1. 必要性

北京全国文化中心建设和出版传媒产业数字化转型需要具有高水平信息素养与信息管理能力的专业人才。图书情报与档案管理学科与我校出版传播与管理类学科具有天然的内在联系，学校培养的编辑出版传播与管理类人才与图情档人才有很高的关联度。我校新闻传播学一级学科（包含编辑出版学专业）与工商管理一级学科（包含信息管理与信息系统专业）有必要且有能力通过资源整合建设图情档一级学科以满足社会需要。而且新的相关一级学科的增加，也是对现有出版传媒类学科的有力支撑，符合学科群建设的规律。

2. 特色和优势

（1）**跨学科交叉多学科融合的特色。**本学科将与学校新闻传播学一级学科、工商管理一级学科、设计学一级学科形成学科交叉融合的特色，在裂变与融合中产生新兴的富有行业特色的研究方向。

（2）**平台与资源优势。**北京印刷学院原属国家新闻出版总署，与中国印刷博物馆、中国版本图书馆有密切联系。北京文化产业与出版传媒研究基地、国家复合出版实验室等平台设在校内。图书馆拥有原新闻出版总署捐赠的35

万册新中国版本文献收藏，专设的版本特藏馆为出版传播、印刷包装、设计艺术等专业教学科研提供了良好支撑。

3. 现有人才培养及思想政治教育状况

近五年学校在工商管理、新闻传播、编辑出版等相近学科共培养硕士研究生400余名，在信息管理与信息系统专业、编辑出版学专业共培养本科学生500余名。学校和学院坚持“立德树人、为国育才”的教育理念，不断构建全方位、全过程的育人机制，先后荣获北京市先进基层党组织、北京市德育工作先进集体等荣誉称号。

在多年来的发展中，在浓郁的印刷出版文化氛围下，学校图书馆作为文献信息中心和文化阵地，自发地凝聚了一批来自新闻出版学院、经济管理学院、设计艺术学院、马克思主义学院的教师和研究生群体，成立了诗书画印读书会，举办了十几场关于书籍文化与印刷出版文化的文化沙龙，逐渐形成了一个新兴的研究方向“文献遗产与书籍文化”。通过多学科交叉融合而产生的富有特色的新兴方向具有一定的探索性，起步初期还需要加强学术肌理的培育；学科内涵积累不够深厚；学科高层次领军人才有所欠缺；图书情报学传统内在的特质基础需要坚实打牢。

经过一年来的学科培育建设，我们不断凝练学科专业方向，根据学校现有基础与学科特色，结合区域和行业发展需求，谨提出下列支撑信息资源管理一级学科的三个专业方向。

方向一：文献遗产与书籍文化（特色方向）

从出版印刷文化的角度研究文献遗产与书籍文化，主要内容包括：出版印刷业文化遗产保护与利用、出版史与出版文化视域下的信息资源管理与书籍文化、特色文献、现代版本学，以及出版印刷业的图书文献与档案管理。

基于图书馆学、档案学、文献学（合称为信息资源管理学）的学科基础并与学校现有的传播学、出版学、设计学、经济管理、文化产业管理等学科专业的交叉融合，开展人才培养和科研，利用团队多年积累的出版印刷文化遗产保护研究的学术资源和研究基础，结合与中国印刷博物馆、中国版本图书馆历年形成的合作优势，以及北京丰富的学界业界资源，开展富有行业特色的文献遗产与书籍文化方向的教学科研。

方向二：专业图书馆管理（图书馆学方向）

基于图书馆学理论与方法，开展专业图书馆学管理方向的人才培养与科学研究。培养面向印刷出版传媒行业的专业图书馆（包括为母体机构开展信息资源管理服务的资料室、档案室、图书馆、信息中心等各种机构）所需要的信息资源管理专业人才。

方向三：情报理论与方法（情报学方向）

以科技情报和产业情报数据采集、组织、集成、挖掘、分析、利用为对象，重点开展科技情报和产业情报资源分析的理论、技术、方法、工具和应用研究。

以管理学、计算机科学和人文学科理论为支撑，强调多学科交叉融合，突出情报学理论与实践的特色。注重竞争情报、行业智库、大数据技术的研究。充分利用行业资源和国家科技创新发展需求，培养行业急需人才；拥有专业能力强的师资队伍；与工商管理等学科平台和资源共享，优势互补。

1.6 印刷业的信息资源管理先行先试成功案例：雅昌模式

进入 21 世纪，全球信息化进入了新阶段，数据成为经济增长和价值创造的源泉，由此诞生了数字经济这一全新的经济形态。今天，以人工智能、物联网、虚拟现实、区块链等为代表的数字技术不断实现突破性创新，快速向经济和社会各领域渗透，推动经济形态、产业结构、市场需求变化调整。我们身处数字化时代，“商业”和“IT”之间的界限正在模糊。“数据是未来的石油”，数字化转型并不单纯是一个信息技术（IT）问题，也不是简单地应用数字化技术，其终极目标是重新定义客户价值，开拓全新业务模式和颠覆固有的工作方式。

印刷业龙头企业雅昌文化集团很早就开始了对作为信息资源的大数据的管理与开发利用。时任雅昌文化集团总裁、现任董事长万捷先生，长期从事文化产业的商业模式创新与实践工作，致力于中华文化的传承、保护与弘扬，积极推动世界优秀文化艺术的推广与传播。首创“以艺术数据为核心、IT 技术为手段、覆盖艺术全产业链”的商业模式，打造覆盖整个艺术产业链的产品和服务，从高端艺术印刷拓展到互联网艺术信息服务、艺术数据服务、艺术影像和艺术普及教育等领域，使雅昌从传统印刷企业蜕变成为国内首屈一指、世界独具特色的综合性文化艺术服务机构。

面对日新月异的技术发展和商业模式的变化，雅昌不断创新，以工匠精神推动传统加工业务向智能制造和定制服务进化；以艺术数据为核心，IT 技术为手段，互联网为平台，为艺术行业提供智慧化的艺术数据及 IT 服务综合解决方案，为艺术追随者构建数字化艺术体验；以艺术空间为体验，充分释放艺术行业内的资源潜力，开发艺术消费品，探索博雅教育新方式，满足艺术专业人士和艺术爱好者的艺术生活需要。

通过“为人民艺术服务”达成“艺术为人民服务”，传承、提升、传播和实现艺术价值。雅昌以艺术数据为核心，IT 和互联网技术为手段，建立覆盖艺术全产业链的平台。打造艺术界和艺术用户迫切需要的产品、服务和体验，创造经济效益和社会价值。

据雅昌文化集团消息报道，2021 年的信息化培训中，雅昌文化集团信息中心康宏灿总监以“数字化时代的企业信息化”为主题，做了一场具有雅昌特色的信息化战略宣贯培训。在数字时代信息化背景介绍中，他认为技术越来越多地与业务流程集成，直接影响到客户和商业经验。它不再仅仅支持业务，而是成为一个不可分割的业务组件。为了在服务经济中竞争，它必须改变其以技术和项目为中心的模式，至新的以服务为中心的生态系统。他表示数字化转型将引领企业未来，雅昌的信息化愿景将以客户为中心，以服务为导向，以端到端方法重构企业流程，通过信息技术与业务的结合以及新技术的创新应用，驱动业务增长和管理提升；最终实现技术驱动创新，重塑业务价值的目标。

在雅昌信息化规划中，雅昌将采用双速 IT 战略蓝图，也即数字化的业务前端和后台同时发力，以端对端的视角重塑企业自身，重新定义客户、合作伙伴之间的关系，优化客户体验，打造共赢生态，创造客户价值，并针对雅昌各个业务模块给予了信息化建设策略。雅昌需要建立成为数字化企业的愿景、支持数字化转型的组织、科学的数据指标和分析机制，利用 IT 技术探索和改变企业传统的商业模式、通过信息技术重构企业运营架构，从而实现“互联网 +”、信息化推动企业数字化转型，实现产业升级，驱动业务收入和竞争力的提升。

雅昌文化集团董事长万捷在总结性发言中提出，此次的信息化培训，是雅昌数字化转型开始的标志。当今时代，无论是企业还是个人与大数据和信息化是分不开的，企业要想做大做强，数字化是根本之路。具有26年历史的雅昌是靠科技发展起来的，曾经与海德堡、佳士得、富士、柯达、苹果、小森、爱普森等一系列公司合作，用他们的科技特别是数字化的技术，助力雅昌成为行业的领头羊。但我们必须清楚地认识到，“科技之力”过去是专业、行业角度来说的科技，今天的“科技”则是指数字化科技、信息化科技，是企业实现跨越式发展必须掌握的技能。这也是雅昌变革的根本、是雅昌业务的抓手，万捷董事长号召每一个雅昌人，无论是生产、财务，还是营销、编辑等，都要清楚雅昌信息化的战略，掌握各自岗位的信息化知识，通过数字化转型这一工程推动雅昌变革发展。

万捷董事长在会上郑重表示：未来，雅昌将全力以赴支持每一个信息化的项目，并将其作为企业的发展战略，最终实现雅昌跨越式发展的目标。

随着数字时代的来临，国家“十四五”规划纲要中，首次将国家文化大数据体系建设纳入其中，文化数据建设得到前所未有的重视，文化数据大发展阶段到来了。习近平总书记多次强调，让收藏在博物馆里的文物、陈列在广阔大地上的遗产、书写在古籍里的文字都活起来，丰富全社会历史文化滋养。

数字采集方面，针对艺术品，雅昌不仅有艺术品拍摄、胶片数字化、图书数字化、艺术品原作扫描等平面数据采集，还引进专业、安全的文物3D扫描仪，进行艺术品环物扫描等立体数据采集，最终转化为高精度数字信息，真实还原艺术品原貌。针对艺术展览及空间，雅昌可进行720°全景扫描，用数字测绘技术进行空间数据采集，运用基于全景图像的拍摄、制作技术，以真实的平面照片实现三维立体的展厅效果。

系统开发方面，针对文博机构集中管理所有艺术作品、展览、图书、活动、文创等数据资源的需要，雅昌建立自助式数字资源管理系统和数字内容发布管理系统，提供包括管理系统运维、安全存储和云服务等在内的综合解决方案，无须任何软硬件投入，客户即可实现高效、安全的数据存储管理。

数据应用方面，雅昌不仅可制作用于多种终端的在线数字展览，也可帮助用户建立数字管理系统，建设开发网站、App、小程序等应用载体，策划多维度、多场景的多媒体互动展示和数字展览。同时，雅昌综合平台还可以提供展览策划、媒体宣传等全流程服务，协助艺术大数据通过人民群众喜闻乐见的形式走进千家万户，用数据推动文化艺术传承、保护和利用。

此外，借助大数据云存储技术，雅昌打造了中国艺术品数据库，这是目前世界最大、中国唯一的中国艺术品数据库，填补了国家艺术数据的空白。其中包含16万位艺术家权威资料，16万本艺术图书资料，1000多万个拍卖和艺术展览数据，4500万件艺术品图文资料，1400家拍卖公司、7000多家文博机构、8000家艺术机构的翔实资料，有20多万件的艺术家作品经过鉴证备案，该数据库是人类文明的重要数据资产宝库，成为中国艺术的“四库全书”。艺术行业原有的产品信息资源难以精准专业采集，统一储存管理，以致无法更好地记录、管理和应用。同时行业自身存在着信息传播壁垒、数据统一分析不专业、交易方式不安全不透明的现状。而基于中国艺术品数据库的雅昌艺术数据的出现，弥补了这些缺憾，从根本上突破了艺术品交易市场的瓶颈，促进了文化繁荣。艺术数据集聚艺术家、艺术机构及艺术品的翔实数据，方便艺术爱好者了解全面翔实的艺术数据。

雅昌推出的“艺搜”“雅昌指数”“拍卖图录”等产品，对艺术、审美教育的推广和普及也有巨大的推动作用。“中国艺术品鉴证备案”则从艺术品源头出发，为每一件艺术品建立DNA身份信息，为中国艺术品市场健康有序发展提供有力保障，让中国艺术品传承有序。艺术教育互联网化，雅昌让艺术走近每个人的生活早在2000年就开始了，雅昌紧跟互联网时代步伐，以中国艺术品数据库为基础，成立了雅昌艺术网，主要功能为“艺术资讯”“艺术数据”“艺术交易”，让更多的人了解艺术、享受艺术、与艺术随时互动。雅昌艺术网现已成为全球最重要的中国艺术品专业门户与最活跃的在线互动社区，是获取艺术资讯的首选媒体平台。目前市面上资讯类App层出不穷，但由于艺术行业门槛较高，艺术资讯的产出和传播并未形成一定规模。雅昌推出的“艺术头条App生产”，聚合国内外艺术资讯，为C端用户带去图文、视频等内容，并进行深入解读，是大众获得艺术资讯的便捷工具；同时也为B端的文博机构提供展览服务，如语音、视频导览、AR/VR展览、全景展览等，并将艺术欣赏、家居装饰及生活消费相融合，为用户构建了多元艺术消费场景，创造了一个全新自由的艺术内容驱动平台。

此外，雅昌还推出雅昌大讲堂、雅昌公开课等线上项目，以文字、图片、视频、音频等各种形式，为大众讲述艺术知识，提升大众的艺术修养，让艺术走进每一个人的生活。在这个科技的时代、文明的时代，雅昌积极践行国家的文化大战略、文化强国的精神，融科技之力，传艺术之美。未来，雅昌也必将依托科技创造更多的艺术精品，服务艺术家、艺术机构和艺术爱好者。

从雅昌文化集团的数字化发展战略中，我们可以看到雅昌一流的信息资源管理能力水平，还有高瞻远瞩的宏远目标。企业实践可以为理论积淀带来鲜活案例，印刷出版业的信息资源管理研究，可以从这个成功案例中获取很多启示。

专题研究：对我国古籍刷印情况的文献信息统计分析

2.1 新中国古籍刷印情况分析

1. 古籍的定义

雕版印刷术诞生于隋唐时期，又称梓行、版刻、雕印等，是指将文字、图像反向雕刻于木板上，再于印版上刷墨、铺纸，并给纸张施以一定的压力，使印版上的图文转印于纸张上的特殊工艺。它凝聚了我国雕刻术、摹拓术、造纸术、制墨术等优秀传统技艺，是具有鲜明民族性的非物质文化遗产，为世界现代印刷术奠定了古老的技术源头。雕版印刷术的发明，开创了我国乃至人类印刷复制技术的先河，为文化的传播和文明的交流提供了有利条件。2006 年 5 月 20 日，雕版印刷术被批准列入第一批“国家级非物质文化遗产名录”。2009 年 9 月 30 日，雕版印刷术申报成功列入“人类非物质文化遗产代表作名录”。

“古籍”一词由来已久，最早出现于南朝谢灵运所作的《鞠歌行》中，即“览古籍，信伊人，永言知己感良辰。”但是历代学者和藏书家对于“古籍”这一基本概念的看法尚未达成一致。

1982 年吴枫在《中国古籍文献学》一书对“古籍”的定义是：“古籍，亦称古典文献，一般是指五四运动以前用雕版、活字和手抄等方式记录的古籍文献，同时包括文书、卷册、拓本、碑铭等。”1990 年王绍平编写的《图书情报词典》一书认为：“古籍多指辛亥革命以前印刷、传抄、摹写的图书，及其辛亥革命以后以古籍装帧形式重印的版本，包括我国有文字记载以来各个时代众多的历史、文化、科技典籍，其内容是中华民族数千年历史创造的重要文明成果，其装帧形式又反映出特定时代的审美追求，如宋元的蝶装、明代的包背装和现在流行的线装。”1996 年魏哲明发表的《什么是古籍》一文中将“古籍”定义为：“古籍一般是指 1911 年以前历朝的写本、稿本、抄本、拓本、刻本、活字本，此外，1911 年以后的影印、排印的线装古籍，如《四部丛刊》《四部备要》等也属于古籍。”2006 年，原国家文化部颁布的《古籍定级标准》将“古籍”定义为：“古籍是中国古代书籍的简称，主要指书写或印刷于 1912 年以前具有中国古典装帧形式的书籍。”2008 年国家标准局发布的《古籍著录规则》将“古籍”定义为：“古籍是中国古代书籍的简称，主要指书写或印刷于 1911 年以前、反映中国古代文化、具有古典装订形式的书籍。”

以上标准对“古籍”的概念界定有一定的差异，但都认为“古籍”是“中国古代书籍”。综上，笔者认为，“古籍”是具有文物性、文献性、艺术性的中国古代书籍。对于“古籍”的上下限问题，我们权且以春秋战国时期作为“古籍”的上限，以清代末年作为“古籍”的下限。

2. 新中国古籍刷印情况

新中国成立 70 多年来，雕版印刷其实并没有完全停止，不少机构还在利用晚清、民国时期旧刻书版刷印出版雕版图书。据粗略统计，雕版印书书版有千余种，大量的书版多次印刷。然而新中国成立后的“新刷刻本”在相当长的一段时间里绝少人关注，对它的研究零散见于相关的著作和论文之中。

1988 年魏隐儒编著的《中国古籍印刷史》中有一章为“民国和解放以后的雕版印书”，其中涉及新中国成立后雕版印书的内容仅有 1 页。1995 年范慕韩主编的《中国印刷近代史初稿》，用两页半的篇幅概括了新中国成立后雕版印书的发展状况。1999 年张树栋等合著的《中华印刷通史》中用一个小节的篇幅介绍了新中国成立 50 年来“雕刻木版印刷”概况。2003 年王澄编著的《扬州刻书考》用一章的篇幅详细讲述了新中国成立 50 年来扬州广陵古籍刻印社雕版印书的情况。2005 年徐雁教授所著的《中国旧书业百年》中有专门章节论述版片与古旧书，详述了雕版书版的保护与抢救。2006 年罗琤发表的论文《金陵刻经处研究（1866—1966）》中有大量篇幅涉及新中国成立以后金陵刻经处的刻书活动。2015 年刘洪权发表的论文《当代中国的版片保护历程与现状研究》中对现存版片进行了初步统计，提出了旧刻书版的保护措施。江苏、四川的出版志、出版大事记，浙江、江苏、吉林、河南、山西等地图书馆的大事记中亦有旧版保存和新中国雕版印书的零星记载。2015 年秦嘉杭在论文《新中国雕版印书研究》中，从旧版新刷和新刻书的角度，梳理了新中国雕版印书的基本情况。然而由于论文的篇幅及所涉的内容有限，并未能展现新中国雕版印书的全貌。于是，2020 年秦嘉杭出版了《新中国雕版印书研究》一书，展现了新中国雕版印书的成果。一些论文也从不同的角度涉及了新中国雕版印书的研究和探讨，然而较为系统的梳理和研究却比较欠缺。

2009 年，扬州广陵古籍刻印社、南京金陵刻经处和四川德格印经院三家单位通过整合资源的方式，联合申报世界级非物质文化遗产，使得“中国雕版印刷技艺”获联合国教科文组织批准列入“人类非物质文化遗产代表作名录”。当传统的雕版印刷术演变成世界级非物质文化遗产——中国雕版印刷技艺时，它所承载的就不再仅仅是知识和文化的传播功能了，更是文明的传承功能。而新中国成立以来的雕版印书活动，无疑是对流传千年的雕版印刷术的延续。

新中国成立以来，以广陵古籍刻印社、金陵刻经处和德格印经院为代表的雕版印刷传承单位和以国家级非物质文化遗产传承人陈义时为代表的雕版印刷大师，均为雕版印刷技艺的保护和传承做出了不可磨灭的贡献。广陵古籍刻印社创建于 1958 年，专攻古籍的出版印制，是国内线装书生产的“龙头”单位，也是唯一完整保存全套雕版印刷工艺的单位。金陵刻经处成立于 1866 年，完整地保存了古老的雕版水印和线装函套等传统工艺，将中国雕版印刷技艺与佛教文化紧密结合起来，形成了独树一帜的刻印风格。德格印经院始建于 1729 年，专攻藏传佛教经典的出版印刷，是目前全世界最大的木刻雕版印刷中心，被誉为“保护最完好的藏文传统雕版印刷馆”。雕版大师陈义时，以保护和传承雕版印刷技艺为己任，打破了“口传心授”“传男不传女”“传内不传外”等传统技艺传承方式，将其毕生所学传授给徒弟。

雕版印刷技艺是中华民族优秀文化的重要组成部分，它不只是中国的，更是世界的。当下，我们要在保护和传承传统文化技艺的同时，注意将其注入到现代文化产业中，使其具有更多的现代化元素，使之更能符合现代人的价值观念。由此看来，研究新中国成立以来的雕版印刷状况对于非物质文化遗产的传承是非常有意义的。

习近平总书记在党的十九大报告中指出：“文化是一个国家、一个民族的灵魂。文化兴国运兴，文化强民族强。没有高度的文化自信，没有文化的繁荣兴盛，就没有中华民族伟大复兴。”浩如烟海的中华古籍，是我们华夏文化的基础，是中国人之所以成为中国人的文化基因，也是我们坚定文化自信的历史基石，更是实现中华民族伟大复兴的智慧源泉。中华古籍的整理和出版是一件功在当代、利在千秋、关乎民族精神命脉延续的大事，因此，我们应该高度重视中华古籍的现代价值和世界意义，把中华优秀传统文化不断发扬光大。

回望新中国成立以来的70多年，党和政府肩负起大力弘扬中华优秀传统文化的重任，开展了一系列卓有成效的工作，激发了中华优秀传统文化的生机与活力，为社会主义现代化建设提供了强大的智力支持。

新中国成立70多年以来，刷印古籍的出版发行所占的市场份额非常小，但是对于传统文化的保护和继承却发挥着极其重要的作用。古籍刷印是古籍再生性保护的重要手段，也是解决古籍藏用矛盾的有效方法，更是文化传播的有力支撑。由此看来，研究新中国成立以来刷印古籍的出版状况对于中华民族传统文化传承和弘扬是非常有意义的。

新中国成立以来，我国刷印的古籍除了极少数是利用新刻书版外，其他大多数都是利用晚清和民国时期刊刻且保存较为完好的旧刻书版刷印而成的。换言之，旧版重刷是新中国成立以来刷印古籍的主体。直到20世纪50年代，旧刻书版才开始得到有关专家学者的关注，其整理、收藏和利用的建议也得到相关政府的支持，许多旧刻书版被用来印刷出版书籍，专门从事雕版古籍整理和出版的单位也由此诞生，即扬州广陵古籍刻印社。

具体而言，新中国成立以来刷印古籍的发展历程大致可以分为以下三个阶段。

第一阶段：新中国成立至1979年

这一时期，木版刷印本所用的书版大多刊刻时间并不长，且保存较为完整。由于先前的书版刷印数量有限，仅有几十套至百套不等，有的书版甚至从未刊行，书版有磨损的情况较少，故刷印效果精良，可与民国时期的印本相媲美，如《龙溪精舍丛书》《愢园丛书》《友林乙稿》《音韵学丛书》等。这批木版刷印本在文物拍卖会上曾经出现过，其中保存较为完好的书籍，其成交价格甚至超过明清时期的旧刻本。据中华书局统计，这一阶段累计收录古籍2336种，其中木版刷印本大约有58种，占比不足2.5%。此外，还有一些没有收录其中的木版书，如扬州广陵古籍刻印社自成立之后刷印了18种木版书，四川人民出版社1957年之后刷印了24种木版书（著录其中的仅有9种），杭州古籍书店1964年前后重印了5种木版书，粗略估计总数应该在百种左右（不包括南京金陵刻经处、四川德格印经院等专业印经单位印制的经书），仅占这一时期古籍整理出版总量的 4% 左右。

第二阶段：1979—2006 年

这一时期，人们对古籍的需求量日益增长，同时扬州广陵古籍刻印社恢复营业，中国书店再度恢复复制出版整理工作，文物出版社也加入了木版刷印的行列之中，旧书版的保护和利用工作受到了空前的重视。20 世纪 70 年代末至 80 年代初，三家单位利用自藏的旧书版刷印出版了一批极为珍贵的木版印本。1982 年之前，这些木版刷印的书籍由大中城市的古籍书店经销，发行目的主要是为专业研究者和图书馆提供原始古籍资料，故普通读者难以看到这些木版印本。1982 年之后，木版刷印图书才开始统一由北京市新华书店交全国各地新华书店发行。尽管出版单位刷印的木版古籍品种较多，但往往每种图书的刷印数量仅有几百部。比如扬州广陵古籍刻印社自复社至 1982 年年初，共刷印木版古籍 43 种，且每种印量仅有数百部。此外，这一时期刷印的古籍中有不少是大部丛书，如扬州广陵古籍刻印社 1981 年出版《四明丛书》刷印本 178 种，1986 年出版《适园丛书》刷印本 76 种，河北人民出版社 1986 年出版《畿辅丛书》刷印本 173 种等。

第三阶段：2006 年至今

这一时期，雕版印刷技艺成为国家级非物质文化遗产，古籍刷印也有了一些新的变化。一方面，一些新的刻本开始出现，如扬州广陵古籍刻印社 2011 年出版的《唐诗三百首》和 2013 年出版的《广梅花百咏》等；另一方面，一些文化公司和书商也加入了雕版印书的行列之中，如 2011 年成立的扬州古籍线装文化有限公司和 2013 年成立的微山县古籍线装文化发展有限公司等。此外，中国书店以《中国书店藏版古籍丛刊》的名义利用古旧书版刊行雕版古籍，到目前为止已经刷印了百余个品种，为学术研究、古籍整理和收藏提供了珍贵的版本。这批古籍以前大都刷印出版过，再次刷印的效果相比于影印本更加清晰，也最接近于古籍原貌，受到不少读者的喜爱，往往是一经出版便售罄。

新中国成立以来，相关出版单位及个人刷印出版古籍的大致情况如下：扬州广陵古籍刻印社木版刷印的古籍有 140 余种，中国书店木版刷印的古籍有 240 余种，文物出版社木版刷印的古籍有 30 余种……此外，还有一些单位利用旧刻书版零星刷印了一些木版书，但是品种较少，每种的数量也不多。如上海古籍书店、四川人民出版社、杭州古籍书店等单位利用旧刻书版刷印的木版书从几种到几十种不等。再如南京十竹斋、华宝斋、线装书局、中国科学院考古研究所编辑室、中央音乐学院民族音乐研究所、扬州市邗江古籍印刷厂、衡阳市博物馆、陕西中医研究所等单位刷印的木版书甚至只有一种到几种而已。也有一些单位鉴于整理、保护和研究书版的需要，利用所藏的古旧书版少量刷印书页样张，仅供内部使用，并未流传，在公开渠道售卖，如天一阁藏书楼、章丘市博物馆等。除了相关单位，也有极少数个人利用收藏的旧刻书版刷印古籍，如卢前、陈垣、沈瘦东、朱鼎煦、潘世兹等。

3. 新中国古籍刷印案例分析——以《嘉业堂丛书》为例

《嘉业堂丛书》共计收书 57 种，另加附录 5 种，凡 62 种，是民国时期藏书家刘承幹聘请著名学者缪荃荪等人校勘编纂的一部大型综合性丛书辑。刘氏刻书自1913年起至1918年止陆续刻成100余种，择取其中50种，并附以所得《金石录》等数种版片，编印成书，以藏书楼命名之，因此称之为《嘉业堂丛书》。由于该书所择底本均系嘉业堂藏书精品，且刻印、校勘质量俱佳，因此具有较高的文献价值。1951 年，刘承幹致函浙江图书馆，表示愿将嘉业堂藏书楼和四周空地并藏书书版连同各项设备等悉以捐献，以满足发展新中国文化事业之需要。其后，浙江图书馆并没有将版片束之高阁，而是多次借与中国书店、广陵古籍刻印社、上海古籍书店、文物出版社等单位进行重印。如上海古籍书店 1963 年刷印出版《嘉业堂丛书》56 种，文物出版社 1982 年刷印出版《嘉业堂丛书》62 种。原版刷印的《嘉业堂丛书》具有较高的学术价值，特别适用于小批量古籍的复制，因此受到了学术界的广泛关注。

近年来，虽然以扬州广陵古籍刻印社为代表的单位还在坚持着雕版印刷古籍，但是从整体上看，雕版印刷技艺仍然面临着失传的危险。

4. 存在问题

（1）书版保护意识淡漠

新中国成立初期，明清时期和民国时期的雕版线装书留存尚多，可谓汗牛充栋。可以继续使用的书版，刊刻的时间大都不长，刻印的书籍都尚未受到人们重视，又何谈书版呢？更早一些的书版早已弃之不用，就更没有人注意了。况且书版的保护难度大，又占地甚多，因此书版的保护工作并未引起人们的重视。

（2）重复出版现象严重

新中国成立以来，古籍出版事业实现了快速发展，尤其是改革开放之后，专业古籍社和非专业出版社都投身于古籍出版的领域之中，兴起了一股古籍热，与此同时，重复出版现象也达到了令人咂舌的地步。进入21世纪以来，这种粗放型的出版方式，不仅造成了效益低下的后果，还严重制约了中国特色社会主义出版事业的发展和精品出版战略的实施。

（3）雕版印刷师匮乏

在现代印刷工艺的冲击下，古老的雕版印刷术正面临着极大的挑战和考验。同时，雕版印刷师的培养难度较大，仅靠口传心授的单一带徒方式，这大大提高了雕版印刷术的传承难度。老一辈的非遗传承人感叹：“（学艺）要沉得下心，吃得住苦，耐得住寂寞，还要有一定的悟性，但是许多年轻学艺者耐不住枯燥乏味的生活早已改行。”因此，雕版印刷面临专业人才匮乏的严峻考验。

5. 发展对策

（1）重视旧书版的利用

书版为木制文物，极易受到环境的影响，因此，我们要加强书版的保护性工作，使其处于适宜的保存环境中。此外，书版的最大价值仍然在于印书，唯有印书流布于世，才能实现书版的最大价值。所以，笔者以为，进入公藏机构的书版，仅仅保存在库房中，是没有太多实际意义的。有计划地修补、限量刷印，最大限度延长书版的寿命，才是保护书版的根本目的。通过对比分析新中国成立以来影印古籍和刷印古籍的定价情况，我们可以看出利用旧书版刷印古籍的成本并不比影印古籍的代价高。特别是资料性、专业性较强的书籍，市场需求较少，影印或重新排版的代价较大，利用旧存书版少量刷印即可满足需要，这为雕版印书的发展找到了途径。广陵古籍刻印社修版印书的做法，可谓是生产性保护雕版印刷技艺的唯一途径。此外，扬州中国雕版印刷博物馆的建成，适时解决了扬州大批古旧书版的保存问题。

（2）完善出版管理机制

新中国成立以来，我国发布了一系列关于古籍整理的方针政策，如1981年中共中央发布《关于整理我国古籍的指示》，1992年国务院古籍整理出版规划小组发布《中国古籍整理出版十年规划和“八五”计划》等。但是从管理体制上看，古籍刷印出版缺乏统筹规划，这也是造成古籍重复出版的一个重要原因。因此，我们应制定严格的古籍出版标准，加强古籍图书质量抽查，提高古籍出版单位和个人的从业门槛。同时，利用大数据建立智能选题数据库，减少或避免大量重复选题的出版。此外，古籍编辑要加强工匠精神，在坚持正确出版导向的同时努力打造自身复合型的知识结构，提高自身的政治思想素质和科学文化素质，为做好编辑出版工作打下坚实的知识基础和技术基础。

(3) 创新雕版印刷传承模式

大部分中国传统技艺信奉“父子相传”“师徒相授”“传内不传外”的传承模式，这极大影响了继承人的选择范围，也使得许多传统工艺面临着严峻的生存危机。因此，相关部门应该充分运用高校人才资源，促成雕版印刷传承人和高校教育的有机结合，打破传统的师徒传承模式，为行业源源不断地输出专业人才。同时，为传承人收徒授艺、被传承人拜师学艺创造更好的环境，鼓励年轻人走上学习非遗技艺的道路，为非遗的传承和保护注入更多的年轻力量。

古籍是中华民族在数千年发展过程中创造的重要文明成果，也是中华文化源远流长、一脉相承的历史见证，更是人类文明史上的瑰宝，具有历史文物性、学术资料性、艺术鉴赏性等重要价值。作为一种弥足珍贵的传统文化遗产，古籍有着不可替代的地位。作为古籍再生性保护的重要手段，古籍刷印出版在继承和传播传统文化方面发挥了巨大的作用。传统的雕版印刷术之所以能够一直保留至今，并不是刻意保护的结果，而是由市场需求所决定的。尤其是21世纪以来，雕版印书逐渐引起越来越多的藏书爱好者的注意，一些刻印精美、书版保存完整的木板书甚至多次刷印。这是因为中国雕版印刷技艺所独有的文化底蕴和审美艺术感是现代印刷技术无法比拟的。因此，我们有必要调动一切有利因素推动古籍刷印事业的发展，让古籍“活”起来，真正走向大众，充分发挥它们的史料研究价值和社会价值。

2.2 对于我国古籍数字化情况的文献统计研究

中华文明博大精深，流传下来的古籍卷帙浩繁。作为传承和弘扬中华传统文化的重要载体，古籍具有极高的历史价值和思想价值，是一种不可再生的文化资源。据《中国古籍总目》统计，我国现存的古籍品种应在20万种左右，古籍藏量超过5000万册。然而，受到自然因素、生物因素和人为因素的影响，部分古籍损毁严重，如果不采取有力的措施进行抢救性整理和出版工作，一些珍贵的古籍将遭遇灭顶之灾。随着“互联网+”时代的到来，晾晒、虫害防治等传统的古籍保护方法已经无法完全适应古籍保护与利用的需要，而数字化能够有效解决古籍保护与利用之间的矛盾，是让沉睡的古籍“活”起来的必由之路，代表着古籍整理、开发和利用的发展趋势。为探究古籍数字化的发展现状及未来趋势，笔者以“古籍数字化”为主题，在CNKI（中国知网）数据库中进行精确搜索，现将研究结果详述如下。

文献检索来源：CNKI（中国知网）数据库。具体包括学术期刊库、中国博士学位论文全文数据库、中国优秀硕士学位论文全文数据库、会议论文库、中国重要报纸全文数据库、中国科技项目创新成果鉴定意见数据库（知网版）、中国图书全文数据库（心可书馆）、学术辑刊库。

检索时间：2021年10月20日。

样本数量：1142篇。其中学术期刊论文819篇、会议论文100篇、学位论文81篇、报纸文章85篇。从这个结果我们不难看出，近年来古籍数字化的研究已引起学界的重视。

研究方法：文献研究法、统计分析法、案例分析法。

研究工具：CNKI（中国知网）文献可视化分析、Excel电子表格。

1. 文献变化趋势分析

文献发表数量的时间分布，可以在一定程度上体现古籍数字化的发展趋势。图2-1显示了1997—2021年CNKI（中国知网）数据库收录的有关古籍数字化研究文献数量的增长情况。检索结果表明，知网数据库收录的第一篇研究古籍数字化的论文是1997年刘炜发表于《图书馆杂志》上的《上海图书馆古籍数字化的初步尝试》，该篇文章讲述了上海图书馆建立了一套古籍影像光盘制作及检索系统，为古籍保护和整理工作奠定了坚实的基础。由表2-1和图2-1可知，文献出现最多的是2012年，共87篇，占总文献数的7.62%，其次是2011年，共83篇，占总文献数的7.27%，再次是2015年，共80篇，占总文献数的7.01%。

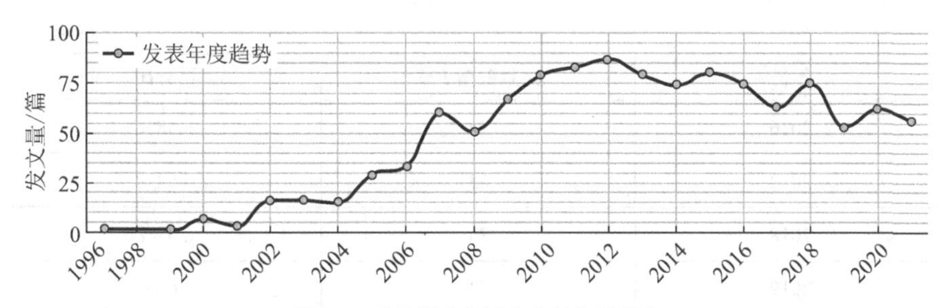

图 2-1　古籍数字化研究文献增长状况

表 2-1　古籍数字化文献发表年份占比情况

年份	文献数量 / 篇	百分比
1997	1	0.09%
1999	1	0.09%
2000	7	0.61%
2001	3	0.26%
2002	16	1.40%
2003	16	1.40%
2004	15	1.31%
2005	29	2.54%
2006	33	2.89%
2007	60	5.25%
2008	51	4.47%
2009	67	5.87%
2010	79	6.92%
2011	83	7.27%
2012	87	7.62%
2013	79	6.92%
2014	74	6.48%
2015	80	7.01%

续表

年份	文献数量 / 篇	百分比
2016	74	6.48%
2017	63	5.52%
2018	75	6.57%
2019	53	4.64%
2020	62	5.43%
2021	34	2.98%
总计	1142	100%

从时间跨度来看，我国古籍数字化的研究可以分为以下几个阶段：第一个阶段是 20 世纪末——古籍数字化的兴起时期，随着计算机及网络技术的飞速发展，我国开始了古籍数字化的初步探索，并取得了一些卓有成效的进展。第二个阶段是 21 世纪初——古籍数字化的快速发展时期，随着古籍数字化理论与技术的融合，学术界对古籍数字化的认识已经达成了共识。第三个阶段是 2007 年至今——古籍数字化走向成熟的时期，成为古籍保护和利用的必然趋势。产生这种状况的主要原因有：2007 年，国务院办公厅发布《关于进一步加强古籍保护工作的意见》，提出“中华古籍保护计划”，并指出“制定古籍数字化标准，规范古籍数字化工作，建立古籍数字资源库”的具体要求。2011 年，党的十七届六中全会提出要“推进文化典籍资源数字化”。2016 年，国家正式将“中华古籍保护计划工作”纳入“十三五”规划纲要，明确指出要建设国家古籍资源数据库，为古籍数字化工作指明了方向。2017 年，国务院办公厅发布《关于实施中华优秀传统文化传承发展工程的意见》，这是党中央首次以中央文件的形式阐述了中华优秀传统文化传承发展工作，肯定了古籍数字化对于弘扬中华优秀传统文化的巨大作用。2021 年，“十四五”规划纲要发布，包含“文化遗产保护传承”“全媒体传播和数字文化”等内容，明确提出“组织《永乐大典》、敦煌文献等重点古籍系统性保护整理出版，实施国家古籍数字化工程”等措施。[1] 由这一系列方针政策不难看出，中共中央高度重视中华古籍保护工作，古籍数字化事业随之快速发展，为中华优秀传统文化的传承带来了新的方向。

2. 文献研究层次和研究主题情况分析

（1）文献研究层次情况分析

从论文的研究层次情况，可以看出研究者在从事古籍数字化相关研究时的侧重点。图 2-2 显示了 1997—2021 年 CNKI（中国知网）数据库收录的有关古籍数字化文献研究层次的分布情况。结果表明，古籍数字化的研究层次共涉及应用研究、开发研究、技术研究、应用基础研究、开发研究—管理研究等 14 个不同的层次。其中，应用研究的占比最大，开发研究紧随其后。究其原因，我们不难发现，研究者比较重视数字化技术在古籍整理和开发利用中的应用实践，以及古籍数字化资源的开发。

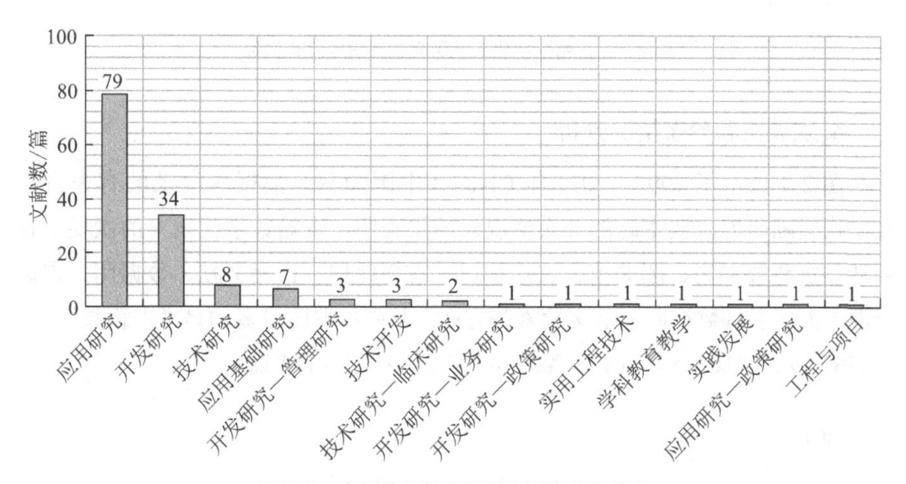

图 2-2 古籍数字化文献研究层次分布情况

（2）文献研究主题情况分析

文献研究主题分为主要主题和次要主题。

3. 主要主题分布情况分析

图 2-3 显示了 1997—2021 年 CNKI（中国知网）数据库收录的有关古籍数字化文献研究主要主题的分布情况。结果表明，古籍数字化研究的主要主题共涉及古籍数字化、图书馆、古籍保护、古籍文献、中医古籍、古籍整理、数字化建设、中文古籍、数据库、高校图书馆、公共图书馆、古籍资源、文献数字化等方面。其中，占比最多的是“古籍数字化”（458 篇）、“图书馆”（78 篇）和“古籍保护”（68 篇）。

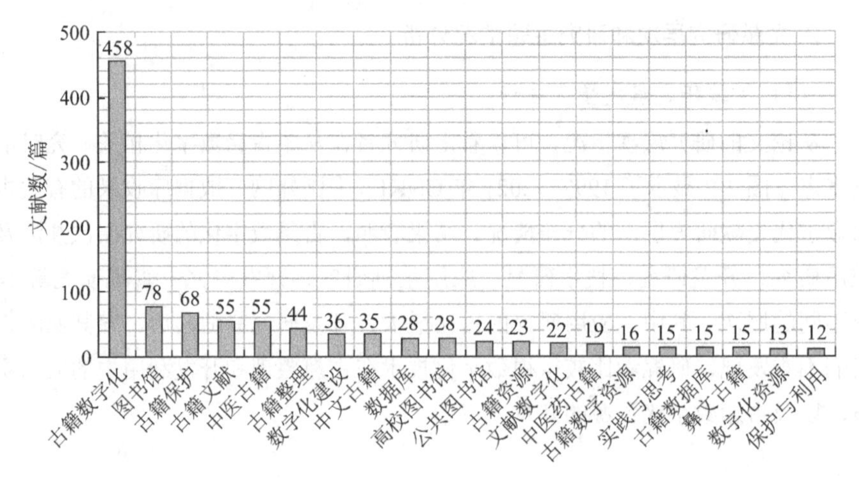

图 2-3　古籍数字化文献研究主要主题分布情况

4. 次要主题分布情况分析

图 2-4 显示了 1997—2021 年 CNKI（中国知网）数据库收录的有关古籍数字化文献研究次要主题的分布情况。结果表明，古籍数字化研究的次要主题共涉及古籍数字化、图书馆、古籍整理、古籍保护、古籍文献、数据库、古籍资源、古籍书目数据库、全文检索等方面。其中，占比最多的是“古籍数字化”（336 篇）、“图书馆”（123 篇）和“古籍整理”（114 篇）。

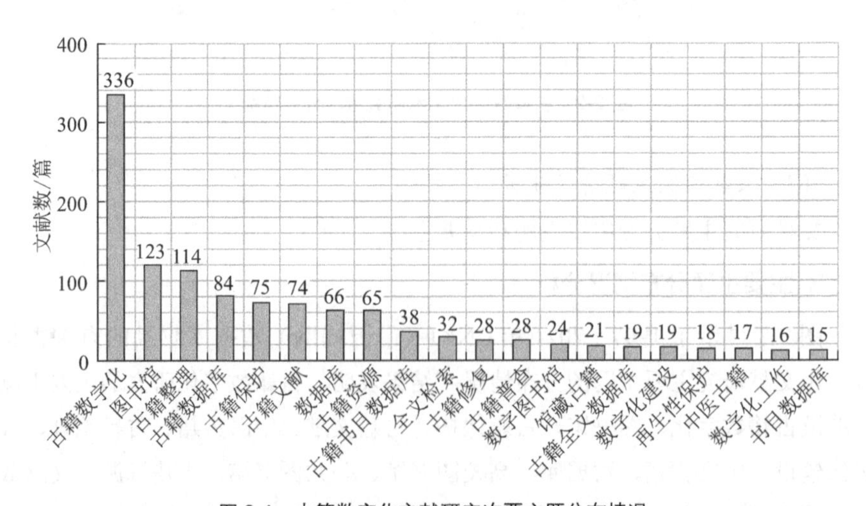

图 2-4　古籍数字化文献研究次要主题分布情况

5. 主题分布情况总体分析

根据文献研究主要主题和次要主题的分布情况，我们可以看出目前古籍数字化领域的研究的主要主题和次要主题大致是相同的，主要集中在“古籍数字化”“图书馆”“古籍保护”“古籍文献”“古籍资源”“中医古籍”“古籍整理”“数据库”等方面。

（1）文献学科分布情况分析

从文献学科分布情况看，1142 篇文献涉及图书情报与数字图书馆、计算机软件及计算机应用、中医学、出版学、医学教育与医学边缘学科、中国文学、中国语言文学、文化、档案及博物馆、民商法等学科。各学科文献发表数量情况如图 2-5 所示。

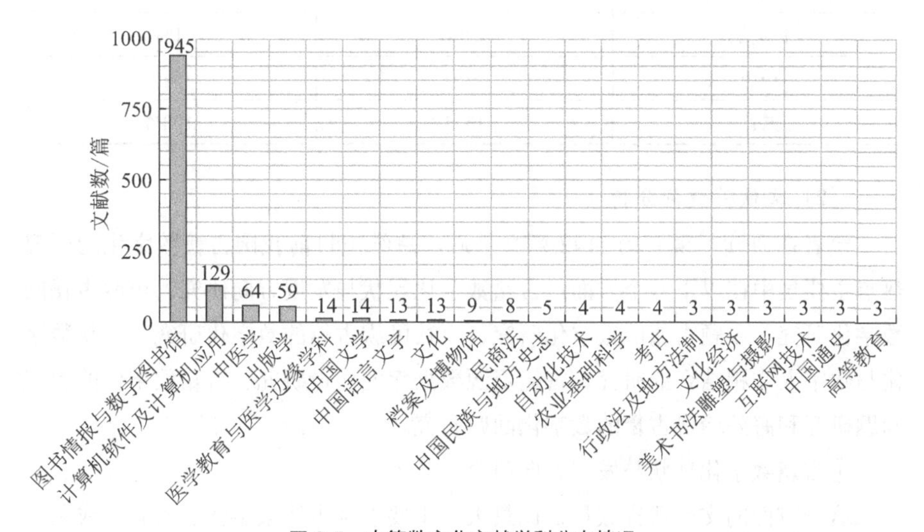

图 2-5　古籍数字化文献学科分布情况

根据表 2-2，我们可以看出古籍数字化的研究主要集中在图书情报与数字图书馆、计算机软件及计算机应用、中医学和出版学四个学科。其中，图书情报与数字图书馆发表文献数量最多（945 篇），占实际文献总数的 71%。经过计算，40 个学科共发表文献 1333 篇，超出实际文献数量（1142 篇）191 篇。由此看出，古籍数字化文献研究的学科交叉率达 16.73%。究其原因是近年来随着研究人员和研究数量的增加，不同学科变得越来越融合，这种多学科的研究方式，能够不断催生学科新的增长点，推动古籍数字化的深度研究。

表 2-2　古籍数字化文献学科数量占比情况

学科类型	文献数量 / 篇	百分比
图书情报与数字图书馆	945	71%
计算机软件及计算机应用	129	10%
中医学	64	5%
出版学	59	4%
医学教育与医学边缘学科	14	1%
中国文学	14	1%
中国语言文学	13	1%
文化	13	1%
档案及博物馆	9	1%
民商法	8	1%
……	……	……
共计	1333	100%

（2）文献关键词分析

笔者在研读了现有的 1142 篇文献后，总结出目前我国古籍数字化的研究热点主要集中在以下八个方面：古籍数字化现状与发展方向研究、馆藏古籍的数字化研究、专题古籍的数字化研究、少数民族古籍的数字化研究、古籍数字化与数字人文相结合的研究、古籍资源数据库的建设研究、古籍数字化的版权问题研究和海外珍贵古籍的数字化回归研究。

①古籍数字化现状与发展方向研究

这一方面的文献研究数量占比最大，主要涉及古籍数字化的概念、成果、问题和对策等方面的分析和总结，这说明学术界十分重视对古籍数字化理论和实践的结合。其一，概念。古籍数字化指的是利用现代信息技术对古籍进行加工整理，将古籍中的文本、图像等信息转化为计算机可识别的数据形式，构建古籍目录数据库及古籍全文数据库，以系统地展现古籍信息资源，有利于提升古籍的利用率，解决古籍保护和使用之间的矛盾问题。其二，成果。近年来，古籍数字化工作取得了许多可喜的成果，如中国国家图书馆的“中华古籍资源库”，中国社会科学院的“元代文献数据库”，复旦大学的“中国历史地理信息系统”等。其三，问题和对策。此方面的文献研究数量占比较高，从 2002

年厉莉的《古籍数字化的现状及对策》，到2012年钱律进的《我国古籍数字化发展策略探析》，再到2021年刘原和张博华的《古籍数字化发展现状及未来出版工作着力点》。可见，对古籍数字化存在问题和应对策略的探讨从21世纪初至今从未中断过，在这一过程中，古籍数字化经历了数据库版、光盘版和网络版三个发展阶段，发展迅速，成果颇多。

②馆藏古籍的数字化研究

这一方面的文献研究数量占比第二，主要介绍了公共图书馆和高校图书馆开展的古籍数字化建设工作。其一，公共图书馆。如2007年蔡晓川的《江苏公共图书馆馆藏古籍数字化的思考》，2010年康尔琴的《公共图书馆古籍数字化的实践与思考》，2015年陈晓红的《浅析县级公共图书馆古籍数字化建设工作》。其二，高校图书馆。如2012年张爽的《高校图书馆与古籍数字化》，2013年樊晋的《河南省高校图书馆古籍数字化现状与对策研究》，2020年侯颖的《利用数字化改进高校图书馆古籍的保护及利用——以西北民族大学图书馆为例》。研究这一类的文献，有利于为其他地区图书馆的古籍保护和利用工作提供参考。

③专题古籍的数字化研究

这一方面的文献研究数量占比第三，主要包括中医、农业、地方志等专题类古籍的数字化研究。通过研究专题类古籍，我们可以用传统的知识丰富现在的研究。其一，中医。如2002年尚馥芬的《中医古籍数字化初探》，2009年李兵的《中医古籍数字化整理方案研究》，2021年丁侃的《古籍整理数字化：中医药学术传承的密钥》。其二，农业。如2006年曹玲的《农业古籍数字化整理研究》，2007年殷子的《〈齐民要术〉数字化整理初探》。其三，地方志。如2014年胡以涛和宋叶的《抄写本方志古籍数字化整理与实践》，2015年柳凯华的《广西地区特色古籍资源数字化研究》。近两年，专题古籍的数字化研究文献呈现快速上升趋势，尤其是中医类古籍的数字化研究，很可能是受到了新冠肺炎疫情的影响。

④少数民族古籍的数字化研究

这一方面的文献研究主要包括我国各少数民族古籍的数字化研究和实践、数据管理和检索问题等。其一，数字化研究和实践。如2009年包和平的《民族古籍的特点及其开发利用研究》，2016年吉差小明和朱崇先的《彝文古籍数字化研究现状与展望》，2021年《藏文古籍数字化出版探索——〈西番译语〉在线词典构想》。其二，数据管理。如2017年王玉娇的《东巴古籍资源的数字化及数据管理》，2020 年丁一的《基于书目文献的满族信息资源元数据框架构建研究》。其三，检索问题。如 2005 年包和平的《民族古籍计算机检索网络建设研究》，2007 年陈新颜和梁艳红的《网络信息检索工具——民族古籍研究的利器》。少数民族古籍是中华古籍的重要组成部分，研究少数民族古籍的数字化工作进程，对于促进我国文化的大发展大繁荣具有重要意义。

⑤古籍数字化与数字人文相结合的研究

“数字人文”，是数字技术与人文学科融合而产生的一门新兴学科，主要包括 GIS（地理信息系统）、文本分析、文本挖掘等。相关研究文献主要有以下几篇，如 2010 年徐洁的《基于 OpenType 格式的国际音标符号和语音古籍生僻字数字化的字体设计》，2013 年范佳的《“数字人文”内涵与古籍数字化的深度开发》，2016 年吴茗的《GIS 技术在古籍数字化资源建设中的应用》，欧阳剑的《面向数字人文研究的大规模古籍文本可视化分析与挖掘》，赵思渊的《地方历史文献的数字化、数据化与文本挖掘：以〈中国地方历史文献数据库〉为例》，2017 年尚奋宇和张文亮的《基于 DLC 的我国古籍数字化标准体系框架研究》，2021 年焦佳琛、包能胜等的《基于人工免疫算法的古籍文本数字化处理》等。数字人文为古籍数字化的深度开发提供了切实可行的办法。因此，我们应努力找到“数字人文”和“古籍数字化”的契合点，推动古籍数字化的发展进程。

⑥古籍资源数据库的建设研究

建设古籍资源数据库是保护古籍最有效的方法，因为它通过数字化的方法，实现了对古籍的再现。相关研究文献主要有以下几篇，如 1998 年刘劼的《古籍书目数据库建设刍议》，2000 年李致忠的《关于古籍联合目录数据库的构建》，2002 年石春耘和梅芹的《馆藏古籍书目数据库建设》，2004 年李璐的《古籍全文数据库建设的技术与实践》，2006 年程佳羽的《古籍全文数据库的理想实现模式》，2011 年刘聪明的《古籍全文数据库的建设》，2016 年阮晓岚的《古籍数据库利用探索》，2021 年刘大钧的《山东大学易学古籍数据库建设的实践与思考》等。近年来，随着国家对古籍保护力度的不断深入，一批书目数据库和全文资源库陆续建成。如国家图书馆的“敦煌遗珍”“数字方志”“古籍善本”，上海图书馆的“馆藏古籍书目数据库”，武汉大学的“书同文古籍数据库”“全国古籍普查登记基本数据库”，国家级古籍整理出版资源平台“籍合网”等。

⑦古籍数字化的版权问题研究

目前，互联网环境下的盗版侵权现象已经成为古籍数字化工作面临的巨大挑战。因此，相关部门应该完善相关的法律法规，采取积极的版权技术保护措施，培养从业者的著作权意识，并以各种形式提高互联网用户对著作权的保护意识。相关研究文献主要有以下几篇，如2009年童顺荣的《古籍数字化相关问题的开放思考》，2010年张军亮和朱学芳《基于二值图像水印的古籍数字化图像版权保护及其实现》，计云倩的《基于可见水印的古籍图像版权保护技术研究》，2013年秦珂的《古籍整理和开发利用中的版权问题及其解决之策》，2015年赵江龙的《馆藏古籍数字化版权保护问题及解决对策》，2018年夏文和华江林的《基于DCT和DWT域水印算法的古籍数字化图像版权保护技术研究》，2021年任雪和李华伟的《2007年以来我国古籍保护法制研究综述》等。

⑧海外珍贵古籍的数字化回归研究

海外珍贵古籍是中华优秀传统文化的重要组成部分，其回归工作对于传承中华文明具有重要意义。为实现海外珍贵古籍的回归，中国国家图书馆与许多国家开展了古籍数字化合作项目，如哈佛大学哈佛燕京图书馆、日本东京大学东洋文化研究所、法国国家图书馆、英国阿伯丁大学图书馆和牛津大学波德利图书馆等，取得了显著的成果。相关研究文献主要有以下几篇，如2010年潘启雯和陈玲的《数字化将是“海外古籍回归”主要方式》，2011年张敏和董强的《数字时代海外中华古籍的回归》，毛建军的《古籍数字化：海外古籍回归的新机遇》，2013年龙伟和朱云的《中华古籍数字化国际合作及实践探讨》，2016年李伟和马静的《海外古籍回归与利用的模式及思考》，2017年何丽的《海外古籍回归与利用的模式探讨》，2020年梁大伟的《21世纪以来散失海外中文古籍文献的回归工作研究》，2021年杨永的《关于加快推进海外中华古籍回归的思考》等。

2.3 古籍数字化存在的问题

我国古籍数字化的研究已经取得了十分丰硕的成果，建成了一批高质量的古籍书目数据库和古籍全文数据库。但是，我们也应该看到古籍数字化在发展过程中存在的诸多问题。

1. 缺乏统一的规划协调

尽管国家对古籍数字化工作的重视程度较高，但是目前我国古籍数字化的建设工作尚未形成统一的规划协调。由于缺乏宏观的统筹规划，古籍馆藏机构、古籍保护研究院和社会企业等单位各行其是，根据自身实际情况规划古籍的数字化建设工作，导致重复建设的现象相当严重，如《四库全书》《二十五史》等利用率较高的古籍的数字版本都有四种以上。同时，各版本的质量也参差不齐，其中质量低下的数字化古籍产品不仅会给用户带来负面影响，还会直接损害到生产机构的形象和名誉。

2. 缺乏完善的标准体系

尽管学术界已经对古籍数字化的标准体系进行了一些探讨，但是目前尚未形成完善的标准体系，包括技术标准、分类标准、元数据标准、文字处理标准、版本选择标准、存储格式标准和信息检索标准等。在古籍资源建设的过程中，不同机构依据自身特色资源独立或合作开发古籍数据库，但是由于针对的用户群体不同，采用的技术标准和文字处理标准也不一样，因此难以进行数据合并，从而限制了古籍资源联合数据库的建设。

3. 专业人才供不应求

古籍数字化是一项非常复杂的工作，对人才专业性的要求较高。从事古籍数字化工作的人才，既要掌握古籍的基础理论知识，又要熟练运用现代信息技术，还必须在实际工作中将两方面的知识融会贯通。目前，我国部分高校已经开设了古籍数字化的相关专业和课程，如北京大学、首都师范大学等，但是每年的招生人数十分有限，而且大部分学生毕业后还是会选择从事互联网等薪资较高的行业。

4. 资金投入力度不足

据国家古籍保护中心办公室副研究馆员赵文友估算，如果将全国尚未数字化的古籍（共 40 万个版本）全部数字化，那么花费在采集、组织、加工、存储和管理等方面的费用大约需要 60 亿元。然而，国家古籍保护中心每年用于古籍数字化工作的经费仅为 1000 万元，可谓是杯水车薪。其中，大部分经费资助针对的都是像《永乐大典》《中国古籍总目》，“敦煌遗书”这样的国家级项目，地方图书馆获得的资金资助少之又少。同时，许多地方政府没有设置专门的古籍数字化资金，用于古籍数字化的资金都是从古籍保护的有限经费中节省出来的，这种情况严重制约了古籍数字化的发展。

2.4 古籍数字化的发展策略

面对我国古籍数字化工作存在的问题，笔者认为应从以下几个方面着重考虑，以利于古籍数字化工作的长足发展。

1. 制定科学的规划管理

为彻底解决图书馆、博物馆、档案馆、文化公司、科技公司等单位各自为战的问题，笔者建议由全国古籍整理出版规划领导小组牵头，建立一个全国性的权威机构，加强对古籍数字化工作的科学规划和管理，统筹协调各单位的古籍数字化出版工作，使古籍数字化成为一个可持续发展的国家级文化工程，减少重复出版项目。建议政府建立古籍数字化成本效益评估机制，监督和规范古籍数字化的发展工作，减少无谓的资源浪费。同时，各相关单位应立足自身优势，深入挖掘自身特色古籍资源，避免同质化生产现象，增强核心竞争力，实现古籍资源利用率的最大化和最优化。此外，还要加强已有的数字化成果的管理工作，确保古籍数字化成果的安全。

2. 建立统一的标准体系

统一的标准体系是确保古籍数字化工作顺利开展的必要保障。目前，世界上许多国家都建立了古籍数字化工作的标准体系，如英国基于 SGML 著名编码规则的 TEI（文本编码倡议）、日本的《国立国会图书馆资料数字化指导手册》等。然而，我国各机构在开展数字化工作时仍然采用不同的格式规范，给用户的使用带来了诸多不便，极大地制约了古籍数字化的发展。因此，我们应该从以下两个方面建立古籍数字化的标准体系，即技术标准和工作标准，其中技术标准包括古籍元数据标准、图像制作标准、文字处理标准，工作标准包括作业流程标准（包含版本选择标准、产品发布标准和产品保存标准）、设备使用标准、品质检查标准。

3. 培养复合型人才队伍

人才资源是第一资源。在信息化时代，古籍数字化工作的从业者不仅要提升专业知识能力，还要具备数字化编辑思维，更要准确把握古籍市场的最新动态。具体而言，古籍数字化工作的从业者需要掌握计算机技术、古汉语、图书情报学、逻辑学、管理学等方面的专业知识，提高古籍数字化的水平，解决古籍保护与利用之间的矛盾。其一，在有条件的高校设置古籍数字化专业，并制定合理的培养目标和培养方案，为古籍数字化建设提供充足的人才保障。其二，通过举办全国性的古籍学术交流活动和继续教育培训课程，提高相关机构在职人员的数字化素养，确保每一个工作人员都能够熟练掌握数字技术。其三，积极开展国际交流与合作，实现各国古籍数字化人才的优势互补，切实提高人才培养质量。

4. 加大资金扶持力度

古籍数字化，是一项需要投入极大资金、人才、物力、时间的复杂性工作，并且目前尚未形成清晰的盈利模式。以国家图书馆为首的大型机构在古籍数字化方面取得了一大批创新成果，如国家图书馆的“中华古籍资源库”、北大图书馆的“中国基本古籍库”、武大图书馆的“武汉大学图书馆 CADAL 民国珍藏库”等。但是由于经费不足，一些规模较小的机构很难完成整个项目的开发。因此笔者认为，相关部门应该加大政策和资金的支持力度，并且吸引和鼓励社会资本的参与。同时，开展古籍数字化工作的机构应该主动向政府主管部门申请专项资金，以解决自身资金匮乏的问题，从而保证数字化项目的顺利实施。此外，各个机构之间应加强合作，共享数字资源，将有限的资金和力量用于重点古籍的数字化建设中。

2.5 启示与展望

古籍是中华民族宝贵的文化遗产，凝聚了中华民族的智慧成果，而数字化是古籍信息资源整理、开发和利用的最好方式。2021 年 4 月，中央宣传部正式印发《中华优秀传统文化传承发展工程“十四五”重点项目规划》，对做好未来 5 年的传承发展工作提出了具体要求，国家古籍数字化工程就是其中的项目之一。乘着政策的东风，中华优秀传统文化的传承将迈入崭新的发展阶段。

在信息技术快速发展的背景下，古籍数字化逐渐兴起，成为古籍再生性保护的重要手段，在很大程度上促进了中华古籍的传播。从我国古籍数字化的发展现状来看，相关研究工作还需要持续深入。一方面，必须要加强古籍数字化出版的营销推广工作，重视营销模式的创新。比如说建立古籍精校版本有偿使用机制，举办古籍主题系列读书活动，用短视频的形式解读经典古籍（如最近推出的《典籍里的中国》）等。另一方面，必须构建基于知识服务的古籍数字化平台，提供多种检索功能。在知识服务时代，图书馆、研究所、科技公司等单位应该深入挖掘古籍的内在价值，对数字化古籍的内容和形式进行重新整合，满足读者日益增长的信息需求。

综上所述，古籍数字化的研究工作还有很长的路要走。诚如朱佳木教授所说："如果说古籍是中国的、古老的，而数字化是世界的、年轻的，那么古籍和数字化的结合势必会使古老的文化焕发青春的活力，为中华传统文化插上时代的翅膀。"古籍是沟通历史与现代的桥梁，做好古籍数字化工作，传承中华优秀传统文化的应时之举，能够满足人民大众的文化需求。我们有理由相信，在不久的将来，古籍数字化将会成为智慧化的知识学习平台。

参考文献

[1] 程也 . 印刷史上的活化石：中国雕版印刷 [J]. 孔子学院 , 2012(5): 80-85.
[2] 刘尚恒 . 古籍概念浅谈 [J]. 图书馆工作与研究 , 1985(2): 49-50.
[3] 刘贵星 . 大隐于市：广陵古籍雕版印刻 [J]. 美术教育研究 , 2012(19): 8-9.
[4] 王罡 . 数字化背景下中国雕版艺术的传承新路径：以南京金陵刻经处为例 [J]. 美术教育研究 , 2012(5): 42-43.
[5] 巴多 . 德格印经院创建及扩建过程考 [J]. 西南民族大学学报 (人文社会科学版), 2020(12): 39-44.
[6] 朝阳 . 中国雕版大师陈义时 [J]. 收藏与投资 , 2014(11): 116-121.
[7] 梁春芳 . 嘉业堂主刘承幹 : 传承文化贡献巨大 [J]. 中国出版 , 2012(21): 69-72.
[8] 秦嘉杭 . 新中国雕版印书研究 [J]. 大学图书馆学报 , 2015(33): 101-105+110.
[9] 秦嘉杭 . 新中国雕版印书研究 [M]. 北京 : 北京大学出版社 , 2020.
[10] 辛德勇 . 中国印刷史研究 [M]. 北京 : 生活 • 读书 • 新知三联书店 , 2016.
[11] 汪世晓 . 雕版印刷的传承与当代技术运用 [J]. 北京印刷学院学报 , 2020(1): 125-127.
[12] 朱燕 . 扬州雕版印刷技术的兴盛和传承 [J]. 工业设计 , 2016(7): 110-111.
[13] 田晨 . 古籍雕版保护初探 [D]. 天津 : 天津师范大学 , 2021.
[14] 李英杰 . 古籍的传承与拓新 [J]. 走向世界 , 2020(31): 80-81.
[15] 李霞，万艳华. 扬州市非物质文化遗产"雕版印刷"的生产性保护与发展 [J]. 城市发展研究，2012, 19(5): 55-60.
[16] 刘炜 . 上海图书馆古籍数字化的初步尝试 [J]. 图书馆杂志 , 1997(4): 33-34.
[17] 蔡彦 . 新中国古籍保护工作历程回顾 [J]. 图书情报研究 , 2015, 8(1): 91-96.
[18] 韩德洁 ."十三五"期间江苏古籍保护工作的实践与思考 [J]. 现代交际 , 2021(17): 254-256.
[19] 华林 , 陈燕 , 杜其蓁 . 我国古籍档案数字化研究核心领域界定：基于 CNKI(1987—2020) 的文

献计量分析 [J]. 兰台世界 , 2021(10): 47-51.

[20] 王玉雪. 高校图书馆古籍文献保护存在的问题与对策 [J]. 文教资料，2019(21): 96-97.

[21] 张丽 . 我国古籍数字资源服务机制及相关法律问题 [J]. 数字与缩微影像 , 2020(3): 23-26.

[22] 丁劼 , 马金宝 . 关于近现代报刊文献数据库建设相关问题的思考 [J]. 回族研究 , 2020(30): 38-42.

[23] 范佳 . "数字人文" 内涵与古籍数字化的深度开发 [J]. 图书馆学研究 , 2013(3): 29-32.

[24] 刘大钧 . 山东大学易学古籍数据库建设的实践与思考 [J]. 周易研究 , 2021(2): 110-112.

[25] 赵江龙 . 馆藏古籍数字化版权保护问题及解决对策 [J]. 内蒙古科技与经济 , 2015(8): 141+143.

[26] 梁大伟 .21 世纪以来散失海外中文古籍文献的回归工作研究 [J]. 出版广角 , 2020(23): 83-85.

[27] 刘晓建 , 季拥政 . 藏医药古籍文献数字化标准体系示范建设 [J]. 数字图书馆论坛 , 2021(2): 27-33.

[28] 中国经济网 .60 亿元资金缺口古籍数字化道阻且长 [EB/OL].[2019-10-30]. https: //baijiahao.baidu.com/s?id=1648774744020270972&wfr=spider&for=pc.

[29] 毛建军. 古籍数字化的概念与内涵 [J]. 图书馆理论与实践 , 2007(4): 82.

[30] 张文亮 , 薄丽辉 . 我国古籍数字化标准体系现状及应对策略研究 [J]. 新世纪图书馆 , 2016(2): 38-42.

[31] 张文亮 , 彭媛媛 . 英国古籍数字化标准建设现状及其启示 [J]. 新世纪图书馆 , 2016(5): 85-89.

[32] 张秀兰 , 王瑀 , 建欣茹 . 日本古籍数字化标准体系研究及对我国的启示 [J]. 中国集体经济 , 2019(10): 167-168.

[33] 建欣茹 . 日本古籍数字化标准体系及其对我国的启示研究 [D]. 大连 : 辽宁师范大学 , 2017.

[34] 刘原 , 张博华 . 古籍数字化发展现状及未来出版工作着力点 [J]. 广东印刷 , 2021(4): 67-68.

[35] 洪绍桢 , 王亮 . 古籍出版物短视频运营推广策略研究 [J]. 科技与出版 , 2020(8): 42-49.

[36] 弓运泽 . 数字化时代古籍阅读推广模式创新摭谈 [J]. 内蒙古科技与经济 , 2020(13): 146-148.

[37] 钟华 . 康熙字典走向数字化 [EB/OL].[2008-05-07]. http: //news.sciencenet.cn/sbhtmlnews/20085803515221206144.html?id=206144.

[38] 李明杰 , 张纤柯 , 陈梦石 . 古籍数字化研究进展述评 (2009—2019)[J]. 图书情报工作 , 2020(64): 130-137.

专题研究：专业出版社数字化信息资源管理研究

3.1 专业出版社与数字资源相关概念解析

全球出版业根据细分市场的不同可以分为大众出版、教育出版和专业出版三大类。STM（Science，Technology & Medicine）出版是国际上对科技出版、专业出版和学术出版的简称，国际科研界经常与STM出版商开展合作，而STM出版商是专业内容传播中不可或缺的一环，他们为一些新兴的和已建立的科研团队、学术出版物提供资金上的支持。研究人员在全球范围内获取科学信息极为便利，得益于STM出版商的数字资源建设与传播。在美国STM出版商主要由学术机构、大学出版社和公司组成，为加强数字资源的可利用性，他们与政府、图书馆、研究机构、科研人员和技术提供商合作。STM出版商通过登记、认证、正规化、改进、传播、保存和使用等方式为专业内容资源增值，登记是指通过登记科研行业领军人物的信息来促进研究人员在医药、材料、技术方面的创新。认证是指STM出版商组织、管理并为“同行评议”的质量管理体系提供资金和技术支持；与学术界开展合作，并建立专业出版的学术道德准则。正规化是指通过开发改进生产流程提高作者出版科研成果的质量和速度；支持和采用国际标准和协议来提高研究的获取度。改进是指通过投资人员和技术来提升研究的可读性、价值和在线获取，这其中包含技术性编辑、验证参考文献、插入标签来创建链接、图表、排版、XML编码等，这些都作用于研究的网络传播、可视化和索引。加强语义分析、向非专业人士提供增值服务、促进多形式创作。传播是指其提供全球平台促进科研界之间的交流。保存是指将科学内容数字化并将它们迁移到知识平台中。使用是指通过促进行业标准的统一来提高研究人员的生产力；提供操作便捷的网站功能、搜索引擎并进行用户需求研究。由于以上这些做法，STM出版商构成了学术交流中的核心部分，成为科学研究产业链的一部分。

在我国，科技、专业和学术出版可以统一划分为专业出版领域。专业出版，就是以学术和准学术的专业类别内容为出版内容，依靠具备某些领域专业知识的编辑人员，以某些专业领域的特定对象为读者对象，针对某些特定专业领域市场的以图书、期刊和数字出版为出版形态的出版活动。

我国的专业出版社主要有地方科技出版社、大学出版社和专业学科出版社等。

数字资源是指以数字形式存取、发布和利用的信息资源集合或总和。数字信息资源是指所有以数字形式把文字、图像、声音、动画等多种形式的信息存储在光、磁等非纸介质的载体中，通过网络通信、计算机或终端再现出来的信息。随着互联网时代的发展，数字资源呈现出传播广泛性、易获得性、多媒体性等特征。在图书馆学领域，图书馆的数字资源一般包括图书、报纸、期刊、多媒体（例如数据库）等多种形式，而对于出版学来说，数字资源通常被定义为“数字内容资源”，其中“内容”一词有着两个部分的内涵：素材和元数据。素材是指文字、图片、音视频、动画等形式的数字内容。元数据是指描述实际素材和其他不同形式的信息。数字内容资源按表现形式的类型划分可以分为数据、文本、图像、音频、视频、软件、符合数字对象。按照加工环节来分可以分为素材型内容资源和产品型内容资源。

数字资源建设是指对以数字形式发布、存取和利用的信息资源进行选择、采集、组织和管理，使之形成可利用的数字资源体系的过程。在图书馆相关的研究中，数字资源建设可以分为馆藏资源数字化和数字资源馆藏化两种，其中比较重要的数字资源产品有自建数据库和读者服务、商业采购的数据库和服务等。对于数字图书馆来说，可以说数字资源的建设是核心。在出版学领域，数字资源随着融合出版的发展趋势变得越为重要，很多出版社也开始依托数字资源的建设获取利润。出版数字资源建设与开发的产品也逐渐从资源导向型转向服务导向型。

3.2 研究文献综述

通过在知网搜索“专业出版社＋数字资源”的关键词，共检索到文献 14

篇，时间分布在 2011 年至 2020 年，筛选相关度较低和重复的文献后共有 12 篇。由于样本量较小，故选择了与其相关度较高的关键词“专业出版 + 数字”进行检索，共检索到文献 460 篇。通过对文献题目的主要内容的对比筛选出时间分布在 2004 年至 2021 年的文章共计 160 篇，具体年份和文献数量如图 3-1 所示。

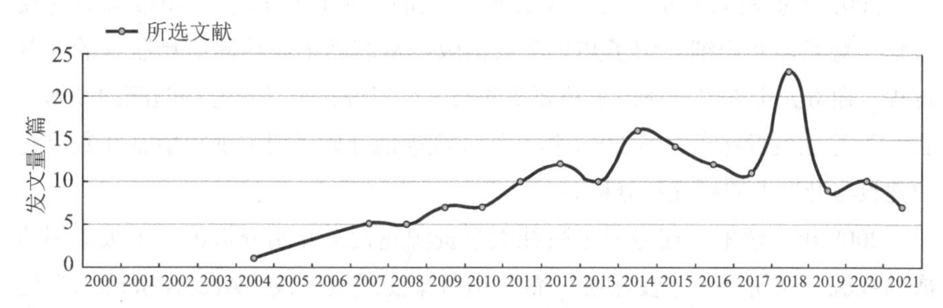

图 3-1　2004—2021 年发表文章数量

从图 3-1 可以看出，学术界关于专业出版社和数字资源建设、数字化、知识服务建设上的讨论从未停止，2018 年更是达到了一个高峰，这是因为 2017 年知识付费概念在中国兴起，开启了“互联网 + 知识”的融合，市场上涌现出很多知识服务产品，很多传统的专业出版社在自身资金和资源条件的优势下也开发了知识服务平台。2017 年 3 月，国家新闻出版广电总局与财政部联合下发《关于深化新闻出版业数字化转型升级工作的通知》，通知中表示新闻出版业的主要目标是推动新闻出版企业加快完成数字化转型升级和初步建成支撑新闻出版业数字化转型升级的行业服务体系。在国家新闻出版广电总局的科技“十三五”规划中也指明了资源编码化、生产数字化、运营数据化、服务知识化的方向。

在 2014 年也出现了一个小高峰，2014 年 4 月 24 日国家新闻出版广电总局和财政部发布了《关于推动新闻出版业数字化转型升级的指导意见》，明确指出要通过三年时间，支持一批新闻出版企业、实施一批转型升级项目，带动和加快新闻出版业整体转型升级步伐。在这一时间段，就有一批专业出版社在数字转型的实践中取得了亮眼的成果，比如社科文献出版社的皮书数据库、海洋出版社的海洋数字资源库等产品的开发。张世兰介绍了社科文献出版社依托专业出版资源和专家团队开发的数字内容产品皮书数据库，其主要特色是专注市场定位、发挥内容优势等。

基于以上 160 篇文献的文献共引分析，笔者梳理了关于专业出版社数字资源、数字化建设研究的历史脉络。早在 2004 年，柳青就在《数字技术对专业图书出版的影响》一文中指出了专业图书受数字技术的影响缩短了出版周期，并提出引进数字技术是专业图书出版社发展的必由之路。

2007 年董铁鹰提出专业出版是数字化的最迫切的需求者和最大的受益者这一观点，并详细介绍了知识产权出版社从产品生产转向信息服务的实践过程。谢寿光也提出专业出版社要搭建与内容资源和产品形态相匹配的技术平台。[11] 这也就意味着，从 2007 年开始成规模地开始了对专业出版社在数字资源建设与开发上的研究和分析。

2008 年，学术界在专业出版社数字资源建设上开始分析国外出版集团的成功经验，张妍介绍了麦格劳－希尔出版集团通过开发“Access Surgery”这一医疗在线学习平台得到了资源需要不断更新并保持前沿性和丰富性的实践经验。

2009 年孙玲提出专业出版社在数字化进程中面临着资金、版权、行业竞争、技术和人才等限制的诸多问题。徐迪也探讨了关于专业出版数字化转型的困境问题。

2010 年相关学者开始探讨国内专业出版社如何发挥内容资源优势的问题。曹胜利和谭学余分析了专业出版社有着独特的内容资源、固定的消费目标等优势并提出了加快内容资源建设、建立技术平台、转变用户思维、加强数字出版引导等观点。

2011 年大多数文献开始介绍国内专业出版社在数字产品开发上的成功经验。宗俊峰提出大学出版社要创新数字出版产品形态，注重电子书、数据库、在线教育平台、知识库和资源库的开发，并介绍了清华大学出版社数字出版门户网站——文泉书局的建设实践概况。高锡瑞介绍了测绘出版社在专业知识数据库的建立、按需出版、网络教育和数字地图等方面的实践。2012 年专业出版社建设专业知识服务平台成为研究热点，在大众出版社开始取得一定效益的同时，国内学者开始探究专业出版社在数字转型的实际发展中到底有哪些突破点。高标等学者提出专业出版社应当建立特色优势、培养复合型人才和开展合作等举措。王丹丹提出做好专业图书大众化出版、依托数据库资源丰富知识体系、打造定制数字化产品的新思路。

2013 年在一些国内专业出版社有着数字资源建设与开发的成功经验的前提下，大多数专业出版社仍然还处在迷茫的状态。相关研究指出了此前专业出版社在数字化建设中的不足之处，并提出了一些建议。李铁钢为专业科技出版社如何走适合自身的数字出版之路提供了一些指导意见，指出专业出版应从知识提供商向服务提供商转型的观点。郑颖等学者为大型出版企业专业出版数字化的规划提出了建立数字内容平台、利用数字出版形式的建议。[21]

2014—2015 年大多数的专业出版社纷纷加入数字资源建设的队伍之中，数字资源项目数量快速增长，业界人士对数字资源建设有了更深一步的认识，并纷纷开始研究如何在已有数字资源产品的基础上进一步提升其专业性和竞争性。江波等学者为专业出版社数字平台建设提供了阶段分析与实现途径的相关经验。张新新对专业出版社数字出版产业化推进作出了进一步的分析，提出出版社要实现流程、产品和渠道的数字化转型。

2016 年文献研究主要集中在科学出版社、社会科学文献出版社和一些专业出版社的数字资源建设情况和开发的具有示范性作用的数字产品的介绍。

2017—2018 年专业出版逐步向知识服务转型已成为定式，学术界关于专业出版社知识信息服务转型成为探讨的热点问题。高培系统地阐明了专业出版与知识服务的内涵并指明了专业出版社实现知识服务转型的路径。[24] 张美娟和胡丹基于专业出版社的知识服务建设重点分析了面向用户需求个性化的专业出版社知识服务三种基本模式。

2019 年在出版融合发展的趋势下，知识付费的兴起为专业出版提供了一定的便利，但同时也面临着服务产品盈利规模不理想的情况。武晓涛在《专业社做好传统出版与数字出版融合发展的思考》一文中指出专业出版社应当在传统出版阶段就进行数字出版的融合，并把认真提升用户体验作为产品开发的关键。

2020 年深度融合成为行业关注的重点问题。张会介绍了人民卫生出版社在实践、创新探索传统出版和新兴出版融合发展的进程中取得的实践成果，包括战略机制、人才建设、流程再造、优质内容和技术应用几个方面。

结合以上专业出版社在数字资源建设和开发上的历史文献梳理，可以发现学术界经历了从专业出版社是否应该全盘数字化到专业出版社应该如何开展数字化转型再到专业出版社数字资源建设面临的问题，以及现在的关于融合发展的思考。可以说关于专业出版社在数字资源建设和开发问题上的讨论从未停止，随着数字资源产品数量和种类的增加，解决、质询和决策方案的概念和应用也逐渐进入视野，但大多数专业出版社还存在未涉及开发这类产品和已有产品无法满足市场需求等问题，本书将试图从专业出版社现有数字资源建设和开发现状基础上调查分析其特点和存在的问题，进行学术动态更新，并以人民卫生出版社为例为专业出版融合发展如何走下去提供一些参考。

3.3 专业出版社数字资源建设的基本情况

在如今这个全民数字化的时代，很多出版社基本完成了初步的数字化转型，但出版社的数字资源建设不应仅仅局限在将纸质图书资源电子化这一基础阶段，随着 VR/AR、大数据、人工智能、5G 等技术与出版的进一步融合，很多出版社也在其专业资源优势的基础上开发了电子书、数据库、知识服务平台等产品。出版社通过对现有数字资源的整理、优化、深度挖掘和开发，并分析用户需求、构建用户画像，为其提供专业化、个性化的知识服务，逐渐向信息服务提供商转型和信息解决方案供应商转型。

中国出版集团公司的于殿利指出中国出版在数字化的进程中分别经历了三个阶段：被动应对“野蛮人”悍然闯入的时代、主动求变的全媒体出版时代、技术与内容合体的创新时代。在技术与内容合体的创新时代中我们从一开始的“内容为王”到“内容与技术的融合”再到如今的“技术创造新的内容”。而电子书、专业数据库和知识服务之间有着几何式产品价值递增的关系。吴浩强、刘慧岭提出数字技术赋能企业价值链重构的目标在于打造为消费者提供全方位知识服务的价值增值模式。

这也意味着在数字产品和技术更新迭代频繁的发展趋势下，要求出版社不断转型升级，转换服务意识、打破现有局限拓宽数字资源产品的使用场景、加大对数字资源建设和开发的力度，打造立体式一体化的数字出版产业链。

专业出版社数字资源建设的特点有如下表现。

（1）数字资源建设程度高。无论是国内还是国外，数字资源建设程度最高的都是专业出版，远远超过了大众出版和教育出版，这是因为专业出版社所拥有的内容资源有着独有的专业优势，大部分都是依托相关行业和机构，例如中国建筑工业出版社作为建设领域的专业科技出版社，是中央一级专业科技出版社，专注于出版建筑行业相关图书，有着得天独厚的建筑内容资源优势。相较于大众出版社，专业出版社在数字资源建设方面同一资源重复开发的困扰较小而且数字产品也有着规模化、多样化和针对性强的特点。

（2）刚性需求大。专业出版社的数字产品通常是消费者被动地产生需求，在学习或者工作中产生对相关内容资源的刚性需求，所以拥有相对稳定且固定的用户受众群体。比如人民法院电子音像出版社开发的产品“法信”，主要目标受众就是针对法律工作者和法学专业生。而大众出版社的数字产品则大多数属于消费者主动使用相关数字产品，偏向娱乐化，普适性较强，像三联书店旗下推出的“中读”App就是一款以大众阅读为核心内容的互联网产品。

（3）内容资源雄厚、更新频率高。专业出版社所拥有的专业内容资源主要有两种：一种是出版社自有的资源，来源主要有图书、电子音像等；另一种是依托行业所拥有的资源，来自合作相关机构的行业数据、报告等。由于专业出版社针对的行业领域有着发展快、知识更新迭代快的特点，内容资源就会随着行业的发展不断积累，并且能适应数字资源产品的高更新频率。

（4）专业人才优势高。专业出版社与其行业专家团队有着天然的合作优势，出版社可以依托专家资源进行数字资源内容的建设和开发，专家团队不仅有着行业最先进的研究成果和实践数据，还能为数字内容平台建设提供行业指导。专业出版社还积累了大批高水平的作者资源，对所服务行业的学术水平科研动态和读者需求有较为深入的了解。

（5）专业机构和高校的渠道优势。专业出版社开发的数字产品和提供的知识服务主要受众和服务群体就是科研人员、行业工作者和高校相关专业学生。所以专业出版社可以利用专业机构和高校的渠道优势快速对接，依托传统出版建立起来的品牌和营销网络，可以最大限度地减少推广成本与难度。

3.4 专业出版社数字资源建设与开发的现状调查

我国为了进一步推进出版业向高质量发展转型，加快国家知识服务体系建设，原国家新闻出版广电总局启动专业数字内容资源知识服务模式试点工作，在2015年和2017年分别组织开展了两批知识服务模式（专业类）试点工作。此外还有由中共中央宣传部主管、中国新闻出版研究院承办，面向社会提供知识服务的国家级公共服务机构——“国家知识资源服务中心”，国家知识资源服务中心网站是提供专业的知识检索服务、图书和期刊论文信息查询服务、标准文本查询服务以及版权保护服务，为试点单位提供知识服务平台接入服务的平台。与网站合作的知识服务与版权产业联盟单位共有 201 家，主要合作的知识服务产品有社科文献出版社的皮书数据库、人民卫生出版社的人卫中医助手、中国大百科全书出版社的中国大百科全书数据库等[34]。

2019 年 5 月《国家新闻出版署关于组织实施数字出版精品遴选推荐计划 2019 年度项目申报工作的通知》印发之后，国家新闻出版署组织对参选的项目进行了评审，最终确定了 95 个项目[35]，笔者根据名单中的单位筛选出专业出版社，并对这些专业出版社开发的数字产品进行了统计和总结。共选取专业出版社 35 家，此项统计所需要的信息基本可以通过公开的渠道获得，来源有出版社官网与数字产品相关的板块、出版社公众号、手机应用商城、通过百度搜索关键词查找到的报道和公示信息等。表 3-1 是这项统计的数据结果和分析。

表 3-1　各出版社开发的数字资源产品类型统计

出版社名称	数字资源产品类型						
	电子书库	数据库	知识库	数字图书馆	在线教育	知识平台	科研服务平台
北京教育出版社					√	√	
天津大学出版社	√					√	
上海音乐出版社	√						
合肥工业大学出版社						√	
河南科学技术出版社					√	√	
崇文书局	√					√	
湖北科学技术出版社						√	
湖南岳麓书社	√					√	
成都西南交大出版社	√				√	√	
人民法院电子音像出版社	√	√	√			√	
中国人民大学出版社		√					

续表

出版社名称	数字资源产品类型						
	电子书库	数据库	知识库	数字图书馆	在线教育	知识平台	科研服务平台
北京师范大学出版社						√	
人民邮电出版社					√	√	
电子工业出版社	√		√		√	√	
法律出版社		√				√	
中国法制出版社					√	√	
中国建筑工业出版社		√	√	√	√	√	
人民交通出版社	√		√		√	√	
中国水利水电出版社		√			√	√	
中国农业出版社	√	√				√	
农业科技出版社		√				√	
人民卫生出版社	√		√		√	√	√
中国海关出版社		√		√	√		
科学出版社	√	√	√	√	√	√	√
社会科学文献出版社		√				√	
中国中医药出版社				√	√	√	
知识产权出版社		√				√	
中国大百科全书出版社		√					
中华书局		√					
商务印书馆	√	√				√	
石油工业出版社		√	√	√	√	√	
中国科学技术出版社	√					√	
化学工业出版社						√	
机械工业出版社			√	√	√	√	
合计	13	15	8	6	15	28	2

（1）知识平台产品开发程度高。从表 3-1 中我们可以看到，34 家专业出版社中有 28 家出版社都开发了知识平台产品，而且有相当一部分出版社建设了不止一种知识服务平台，比如科学出版社就开发了科学智库、单基因疾病诊断知识服务平台、全媒体“三农科技与知识传播服务系统”等多领域、多渠道的知识平台产品，知识平台已经成为专业出版社在出版数字资源开发产品中的首选，知识服务平台不仅能在充分发挥专业出版社的资源的基础上为消费者提供形式多样的知识信息，还可以利用网站、App 等不同渠道针对不同的使用场景。

（2）移动端产品形式较多。在统计调查中还可以发现很多出版社选用了 App 或是微信小程序的单一表现形式来为消费者提供服务，而并未开发网站版本，这也是由于近年来手机用户端群体飞速增长，使用移动端知识服务平台对于消费者来说更为简单便捷。

（3）产品用户体验参差不齐。在对这些专业出版社所提供知识平台产品的搜索和查看的过程中发现，个别的出版社存在无法在搜索引擎中找到出版社官网入口的现象，甚至通过“出版社 + 产品名称”的关键词也查询不到有效信息，只能转向出版社官方微博、公众号、手机应用商城进行进一步搜索。不仅如此，出版社官方网站也存在着缺乏对自身数字资源产品的介绍、没有设置链接和入口、无法访问等问题，在产品使用体验上来看，相当一部分出版社的数字资源产品都无法提供页面加载相对流畅、功能使用相对完整、知识信息相对前沿的基本用户体验。

数据库和在线教育产品也将近有一半的专业出版社进行了开发建设，专业出版社在数据库建设上相对来说比较成熟，尤其是中华书局的“籍合网”，收录了社内二十多个数据库，其资源以中华书局整理本古籍图书为核心，同时涵盖多家专业出版社的古籍整理成果。截至 2021 年年底，“籍合网”数据库已完成了 8 期数据加工，总计 3914 种，约 17.5 亿字。在线教育产品也成为许多专业出版社的关注重点，出版社将专业学科的资源进行整合并进行多媒体开发，为相关行业的从业人员和高校师生提供专业的在线教育服务，像人民邮电出版社就开发了许多这一类型的产品，有人邮教育、人邮学院、异步社区、考试培训学院、微课云课堂、ProEDU 专业自主学习资源库等，值得一提的是还有出版社在这个基础上提供了专业考试服务，集学术、教育和考试为一体，进一步提升了产品的价值。但少部分专业出版社也有面对提供的在线教育服务无人问津的尴尬局面，不仅产品的网页UI设计还停留在十几年前的水平，课程视频也显得粗制滥造，学习次数和播放量仅有几十甚至零的惨淡数据。

（4）科研服务平台有待开发。在选取的35家专业出版社中只有2家出版社开发了科研服务平台产品，科学出版社的SciEngine是我国首个自主研发的集全流程数字出版与国际化传播于一体的科技期刊服务平台，其充分借鉴了国外先进出版机构的平台建设经验，实现了对内无缝对接投审稿系统，对外自动对接国际学术互联搜索和第三方平台。对于大部分专业出版社来说，他们在科研服务平台产品上的建设与开发还并未涉及，由于出版社资金、规模及缺乏相关专业人员，很难开发出整合全科学研究行业价值链的知识服务产品，目前国内的互联网机构在技术和平台建设上具有着一定的优势，他们能站在用户的立场上深耕内容资源的开发和运营，并且拥有着庞大的技术团队和资金支持，所以国内也有出版社以合作和委托的方式借助互联网公司的优势进行科研服务平台产品的建设和开发。

（5）知识颗粒度高，集成化程度低。在部分专业出版社产品使用的过程中发现知识颗粒度高，集成化程度低的现象。产品的检索功能以相关标准文件、电子书、视频等单位进行资源组织，无法提供有效的知识元，这就意味着用户在使用产品的时候需要大量的时间精力来对已检索到的信息进行筛选和提炼。在集成化程度上面，部分专业出版社开发的数字资源产品存在着名称不统一、数字资源重复的问题，不同种类的产品没有形成系统或品牌，用户很难在同一页面或者平台获得关于此专业出版社提供的所有相关服务。

3.5 人民卫生出版社数字资源建设与开发探究

人民卫生出版社涉及的领域主要有医药教材、科普图书、医学期刊、学术专著、融媒体产品等，是国内领先的卫生出版集团。

2020年，面对突发疫情，我国数字出版产业逆势上扬，保持了良好的发展势头。出版单位积极顺应疫情防控常态下发展的新形势、新环境和新需求，聚力于业态创新与深度融合，立足主业、突出特色，加快建立适应融合发展的组织架构、传播体系和管理体制人民卫生出版社在疫情暴发期间快速响应，与中国疾病预防控制中心共同推出了《新型冠状病毒感染的肺炎公众防护指南》

图书、电子书和网络版读物。并向社会免费开放 EOMO 学术专著电子书版本、在线学习平台等多种学习资源的使用权限，不仅为人民居家学习提供了帮助，同时还获得了社会效益和品牌效应。2020 年，人民卫生出版社营业收入同比增长 9.52%，利润总额同比增长超过 10%，国有资产保值增值率为 109.7%，其中数字出版板块收入近 1 亿元。

2021 年 10 月国家新闻出版署官网发布了《关于公布出版融合发展工程 2021 年度入选项目和单位的通知》，其中人民卫生出版社在出版融合发展示范单位遴选推荐计划中入选了出版融合旗舰单位，这也意味着人民卫生出版社在创新引领出版社转型升级和融合发展上能起到模范带头的作用，能为国内专业出版社乃至整个出版行业在数字资源建设和开发方面带来启发。

人民卫生出版社成立于 1953 年 6 月 1 日，1995 年成立了电子音像部，承担了原卫生部的医学视听教材；2008—2011 年上线了“卫人网”提供的服务包括医学教育、医学考试和临床研究；2012 年“人卫医学网”（原“卫人网”）更新临床知识库、教学素材库；2013 年人卫音像公司正式成立；2014 年成立了中国医学教育慕课联盟；2015 年成立了智慧数字中心，建设开发了知识服务产品“人卫智慧医药大数据综合服务平台”“人卫开放大学”等；2016 年“人卫临床助手”“约健康”上线；2017 年“人卫用药系统”上线；2018 年“人卫中医助手”“中国医学教育考试题库”上线，开启“人卫助手”系列知识服务产品；2019 年成立人卫智数科技有限公司，开发了“人卫 inside”“人卫 CDSS”；2020 年开启人卫智慧数字研发综合服务示范项目，共涉及知识信息服务平台、E-learning 系统平台、教学资源库系统、人卫慕课系统四大板块，集智慧物流、数字出版研发、数据存储应用、健康产业智能智造、物联网运营、人才输出等于一体。

1. 人民卫生出版社数字资源建设与开发的背景

（1）政策引导

党的十八大以来，以习近平同志为核心的党中央高度重视包括数字出版在内的数字经济和媒体融合发展。2019 年 8 月科技部、中央宣传部、中央网信办、财政部、文化和旅游部、国家新闻出版广电总局印发《关于促进文化和科技深度融合的指导意见》的通知，明确提出要推动媒体融合向纵深发展的任务，把加强智库建设作为推动文化和科技融合工作的措施。2021 年 10 月 18 日，习近平在中共中央政治局第三十四次集体学习时强调要推动数字经济和实体经济融合发展，把握数字化、网络化、智能化方向，推动制造业、服务业、农业等产业数字化，利用互联网新技术对传统产业进行全方位、全链条的改造，提高全要素生产率，发挥数字技术对经济发展的放大、叠加、倍增作用。要推动互联网、大数据、人工智能同产业深度融合。2018 年 4 月 28 日国务院办公厅印发《关于促进“互联网 + 医疗健康”发展的意见》，提出了促进互联网与医疗健康深度融合发展的一系列政策措施。

（2）市场驱动

中国互联网协会发布《中国互联网发展报告（2021）》，报告显示，截至 2020 年年底，中国网民规模为 9.89 亿人，互联网普及率达到 70.4%，特别是移动互联网用户总数超过 16 亿。根据网络相关数据，互联网医疗市场规模在过去 5 年中翻了近 5 倍，预计在 2030 年可达到 7395 亿元人民币，获得牌照的医院数量也在 2019 年和 2020 年有了井喷式的增长。数据显示，41% 的医生会通过辅助诊疗工具获取信息，而这个数据在 2020 年还是 27%。医生平均每周线上时间为 12 小时，移动端使用时间增长，但 PC 端在线学习使用时间是移动端的两倍。

人民卫生出版社主要的数字资源产品可以分为三大类：电子书库、在线教育、知识平台。电子书库的产品有人卫电子书，是专业医学电子书移动阅读平台，提供包含文字、图片、音频、视频、文档的富媒体电子书。在线教育产品主要有人卫开放大学、人卫 e 教、人卫慕课、3D 系统解剖学、医考题库、医考学堂、药考学堂等。人卫开放大学是一款提供医学相关视频课程的在线医学教育服务机构，也有相关测验并可以与老师同学互动交流等功能，能实现校园网的内部教学资源管理。人卫慕课是中国医学教育慕课联盟共同建设，组织全国医学高等及职业院校参与，集中优势教育资源建设优质慕课课程，通过加盟单位间的学分互认，促进优势教学资源全国范围内的共建共享的在线教育平台。人卫医学考试是人民卫生出版社数字内容服务的核心板块之一，其提供医师资格、护士资格、卫生专业技术资格、执业药师等在线课程、直播和考试辅导功能。知识平台产品主要有“人卫助手”系列知识服务平台，是人民卫生出版社自主研发的基于人卫知识库内容和人工智能技术开发的产品。该平台分为三个模块，中国临床决策辅助系统、人卫知识数字服务和医药领域企业定制知识服务产品。中国临床决策辅助系统有对个人的人卫临床助手、人卫用药助手、人卫中医助手和对企业的人卫 INSIDE 和人卫 CDSS。针对 C 端的产品形式有网页、App 、WAP、小程序。

2. 人民卫生出版社数字资源建设和组织方式

现有的数字资源建设方式主要有自建、合作和委托三种，而国内一般可以建设和开发数字资源产品企业有三类，第一种是知识内容资源的提供商，像人民卫生出版社、法律出版社这一类拥有专业图书、数据库等资源的企业；第二种是技术服务商，像腾讯、科大讯飞这一类拥有高新技术和相关团队的企业；第三种是医疗系统集成商，像 Rhapsody、Odin Health 这一类为医疗机构提供一体化集群式架构引擎的国外企业。

在医疗信息化服务的现阶段，人民卫生出版社在几年的实践中发现这三类企业如果不进行合作，很难发挥各自的优势，所以人民卫生出版社在注重于自身专业内容的产出和更新，并与技术服务商和医疗系统集成商开展合作。2019 年 9 月 10 日，卫宁健康和人民卫生出版社签订战略合作协议，双方将在医学知识资源、智能临床辅助、基层互联网医疗服务、大众医疗健康科普等多方向进行深度合作。2019 年 9 月 11 日百度与人民卫生出版社达成合作，双方将基于百度人工智能技术、人卫社顶级的医学内容和专家资源，携手推动适合中国国情的 CDSS（临床决策支持系统）落地。

当然，也有很多出版社选择委托的方式建设数据库等产品，像人民卫生出版社和高等教育出版社等 15 家出版社就选择了委托泽元软件为出版单位提供包括内容管理系统、文献数据库管理系统、商城管理系统及统一用户验证系统等产品在内的综合解决方案。可以帮助出版单位在数字资源的转换、组织、标引、在线销售、版权保护、读者互动、镜像部署等一系列环节提供全方位的技术工具与技术服务。

人民卫生出版社数字资源的组织方式主要是通过人民卫生知识管理平台的建设，构建了“资源层—元数据层—处理层—分发层—应用层”的组织体系。资源是指出版社所拥有的各类纸质资源和数字资源，资源层包括图书、图片、音视频和知识深度标引。元数据是描述图书、图片等资源层内容的数据，元数据层包括分类、词表、知识发现规则和属性管理。处理层一般是指具体的功能和流程的实现，处理层包括资源导入、知识发现、知识编辑和知识审核。分发层主要针对用户或者其他系统发出的请求进行预处理，并根据策略决定路由到何处去进行处理，从而达到分发控制的目的。主要包括知识条目、知识库和规则库。应用层是指上层中有着可操作性和智能控制的软件应用，是计算机与用户（包括个人、或者管理系统）的接口。主要包括人卫助手系列、人卫inside、规则库和接口数据。

3. RELX 集团爱思唯尔公司对人卫社的借鉴意义

作为全球专业出版的巨头，RELX 集团旗下的爱思唯尔从学术期刊出版商转型为整个科学研究行业价值链的信息服务提供商和信息解决方案供应商，为用户提供出版服务，数据库服务、数据工具服务、解决方案等知识服务。知识服务产品主要有信息服务、科研知识产品和工程解决方案三大类。爱思唯尔旗下的与医疗相关的主要产品有 ScienceDirect 数据库，是全世界最大的 STM 全文与书目电子资源数据库，提供 3800 种同行评审期刊、超过 140 万篇论文可供用户阅读和下载。ClinicalKey 是一个临床知识解决方案，为医疗专业人员和学生提供各专业的最新的学术资源，包括图书和期刊、药物信息、视频、实践指南等。HESI E2 Exit Exam 是爱思唯尔开发的在线补习工具，由于护理学校经常以标准化考试来评估学生，而学生就可以通过这个工具根据自身的考试成绩来制订学习计划。Clinical Pharmacology 则是基于 ClinicalKey 开发的移动端 App。

对于爱思唯尔来说其创新之处在于产品覆盖了整个科研价值链，它不仅提供科研成果预发表服务平台，也开发了像 Expert lookup 这样的查找专业领域专家和作者的在线工具。进一步提升了爱思唯尔的竞争优势，能够比其他任何出版商更了解科研人员的研究模式。爱思唯尔的优势在于涉及的学科范围广、产品形态丰富、提供定制化服务和国际影响力强等方面。

人民卫生出版社由于规模和资金的限制，提供的医疗知识服务产品的体系不能完全参考爱思唯尔，但可以在分析类、管理类的产品做进一步开发。人民卫生出版社利用与国内专家和医院长期的合作优势建立的专家委员会可以把关产品的数字内容、实时修订，并不断增加新内容，保证内容权威、科学、精准、实用、实时。可以说人卫社已经凭借自有优势以及产业以及价值链意识领先于大部分的专业出版社。

在国际影响力方面人民卫生出版社也积极地展开了对外合作，2021 年 11 月由人民卫生出版社运营的人卫临床助手知识服务平台与默沙东中国公司运营的医学资讯网“优医迈”合作项目正式启动。在延长产业价值链上，爱思唯尔打造科研一体化平台的举措可供国内专业出版社借鉴。国外科研界很多人士担忧爱思唯尔的全产业链以及提供预测工具的做法会使他们的科研活动和科研资金受到这样的垄断性商业行为影响。

人民卫生出版社最大优势在于国家政策的支持和社会效益优先的原则，人卫社的八大工程获得了国家部委相关产权资金和国家资金将近 3 亿元的支持，人卫社在选择合作伙伴合作时可以明确提出数字资源产品的建设要以人民健康为目标，而不是以人民币为目标。

观察国外出版行业顶尖的企业可以发现，出版企业的集团化现象明显，集团通过持股比例的改变和收购并购等行为对集团发展进行战略性调整的现象很常见。例如，爱思唯尔就于 2020 年 12 月收购了总部位于佛罗里达州的护理和医疗教育仿真模拟系统开发商 Shadow Health，旨在为临床医学的护士和医疗从业人员提供标准化场景模拟来提高临床工作的水平。大型集团可以在分析行业发展和用户需求后，快速搭建起信息资源服务的全流程框架，但是对于大多数国内的专业出版社来说，社内的资金、技术和规模都无法支持他们开发更全面、多样的知识服务产品，也很少通过收购并购的方式快速成为服务供应商的角色。

人民卫生出版社在数字资源建设与开发的实践上给我们提供了新的思路，专业出版社不应该完全依靠社内的数字资源产品，而应该在数字资源建设的深度上进一步探索，打造真正有利于用户使用和学习的知识服务产品。数字资源产品不在于数量多少，而是看产品和服务能不能满足用户的需求，能不能解决用户的问题，提供质询和决策方案。人民卫生出版社通过以政策为引导、发挥主动性积极探索行业市场动向、深耕用户需求、积极开展与技术服务商和集成系统服务商的合作、不断更新产品数据精心运营的做法，带动了专业领域的发展，对国内专业出版社在数字资源建设与开发上有着重要的示范意义。

参考文献

[1] Publishers I A O S. An Overview of Scientific, Technical and Medical Publishing and the Value it adds to Research Outputs[R]. Oxford: International Association of STM Publishers, 2008.

[2] 钱明丹 , 张宏 . 专业出版的由专而强之路：国际专业出版及其对我国出版业的启示 [J]. 出版广角 , 2009(8): 40-41.

[3] 文庭孝 , 李维 . 大数据环境下数字资源融合初探 [J]. 信息资源管理学报 , 2015, 5(2): 79-84.

[4] 张小芳 . 数字信息资源长期保存体系研究 [J]. 四川图书馆学报 , 2011(5): 44-46.

[5] 国家新闻出版署专业资格考试办公室 . 数字出版基础（2020 年版）[M]. 第一版 . 北京 : 电子工业出版社 , 2020: 308-315.

[6] 蒋丽 , 刘敏 . 图书馆数字资源建设的重心调整 [J]. 大连民族学院学报 , 2013, 15(5): 571-572.DOI: 10.13744/j.cnki.cn21-1431/g4.2013.05.019.
[7] 国家新闻出版广电总局、财政部 . 关于深化新闻出版业数字化转型升级工作的通知 [EB/OL]. [2017.03.17].http://www.nppa.gov.cn/nppa/contents/279/1486.shtml.
[8] 张世兰 . 专业出版的数字化探索：以社科文献出版社皮书数据库为例 [J]. 出版发行研究 , 2014(6): 62-65.
[9] 柳青 . 数字技术对专业图书出版的影响 [J]. 科技与出版 , 2004(6): 55-56.
[10] 董铁鹰 . 对专业出版社向数字出版转型的思考 [J]. 科技与出版 , 2007(7): 49-52.
[11] 谢寿光 . 专业出版社的数字化生存 [J]. 出版广角 , 2007(7): 19-20.
[12] 张妍 . 浅述美国大众、专业、教育出版数字化的转型 [J]. 中国编辑 , 2008(4): 94-96.
[13] 孙玲 . 专业出版社如何做好数字出版的思考 [J]. 科技与出版 , 2009(1): 39-40.
[14] 徐迪 . 专业出版的数字化转型浅析 [J]. 新闻世界 , 2009(6): 133-134.
[15] 曹胜利 , 谭学余 . 专业出版社数字出版的盈利模式与路径选择 [J]. 科技与出版 , 2010(4): 3-7.
[16] 宗俊峰 . 大学出版社数字出版的探索与实践：以清华大学出版社为例 [J]. 现代出版 , 2011(1): 20-24.
[17] 高锡瑞 . 专业出版社的数字出版之路：以测绘出版社为例 [J]. 出版发行研究 , 2011(10): 48-50.
[18] 高标 , 陆小新 , 袁夏燕 . 专业出版社之数字出版思考 [J]. 科技与出版 , 2012(2): 75-77.
[19] 王丹丹 . 数字时代专业图书出版的发展路径研究 [J]. 出版发行研究 , 2012(3): 44-46.
[20] 李铁钢 . 专业科技出版社数字出版之路的思考和探索 [J]. 科技与出版 , 2013(12): 80-82.
[21] 郑颖 , 周斌 , 张志强 . 大型出版企业实现专业出版数字化的思考 [J]. 出版发行研究 , 2013(12): 62-64.
[22] 江波 , 袁泽轶 , 项翔 . 专业社数字出版平台建设实践与阶段分析 [J]. 海南广播电视大学学报 , 2014, 15(3): 154-158.
[23] 张新新 . 数字出版产业化道路前瞻：以专业出版为视角 [J]. 出版广角 , 2014(18): 33-35.
[24] 高培 . 专业出版社如何实现知识服务转型 [J]. 出版广角 , 2017(2): 39-41+55.
[25] 张美娟 , 胡丹 . 我国专业出版社知识服务及其模式研究 [J]. 出版科学 , 2018, 26(6): 12-16.
[26] 武晓涛 . 专业社做好传统出版与数字出版融合发展的思考 [J]. 传播与版权 , 2019(6): 14-15.
[27] 张会 . 专业出版深度融合发展的路径探析：以人民卫生出版社融合教材为例 [J]. 中国编辑 , 2021(5): 66-69.
[28] 于殿利 . 媒体融合的新特征与出版经济的新属性 [J]. 现代出版 , 2021(5): 74-80.
[29] 吴浩强 , 刘慧岭 . 数字技术赋能出版企业价值链重构研究：基于中信出版集团与中华书局的双案例分析 [J]. 科技与出版 , 2021(10): 61-70.
[30] 李铁钢 . 专业科技出版社数字出版之路的思考和探索 [J]. 科技与出版 , 2013(12): 80-82.
[31] 高培 . 专业出版社如何实现知识服务转型 [J]. 出版广角 , 2017(2): 39-41+55.
[32] 中国新闻出版广电报 . 出版业知识服务试点取得阶段性成果 [EB/OL]. [2018.08.16].
[33] 中国新闻出版研究院 . 国家知识资源服务中心 [EB/OL]. [2021.11.12]. https://www.ckrsc.com/aboutUs?VNK=ee2ee6b2.
[34] 国家知识资源服务中心助力新闻出版知识服务 [EB/OL]. [2017.12.28]. https://www.sohu.com/a/213323293_488898.
[35] 国家新闻出版广电总局网站 . 国家新闻出版署关于公布数字出版精品遴选推荐计划 2019 年度入围项目名单的通知 [EB/OL]. [2019.10.23]. http://www.cac.gov.cn/2019-10/23/c_1573361817261536.htm.

[36] 中国新闻出版研究院 . 逆势上扬的中国数字出版 2020—2021 中国数字出版产业年度报告 [EB/OL]. [2021.10.27]. http://www.chuban.cc/yw/202110/t20211027_17228.html.
[37] 李雪芹，高海英，李然，等 . 人民卫生出版社：做疫情防控坚强的后盾 [N]. 处州晚报，2020.03.04(第 A10 版：生活阅读).
[38] 中国新闻出版广电报 . 人民卫生出版社：持续发力做主业精准发力抓营销 [EB/OL]. [2021.03.01]. https://www.chinaxwcb.com/info/569600.
[39] 国家新闻出版署 . 国家新闻出版署关于公布出版融合发展工程 2021 年度入选项目和单位的通知 [EB/OL]. [2021.10.21]. http://www.nppa.gov.cn/nppa/contents/279/99498.shtml.
[40] 河北新闻网 . 人卫智慧数字研发综合服务示范项目落户河北文安 [EB/OL]. [2020.08.31]. https://baijiahao.baidu.com/s?id=1676539212391227441&wfr=spider&for=pc.
[41] 中国政府网 . 科技部 中央宣传部 中央网信办 财政部 文化和旅游部 广电总局印发《关于促进文化和科技深度融合的指导意见》的通知 [EB/OL]. [2019.08.13].
[42] 新华网 . 习近平在中共中央政治局第三十四次集体学习时强调 把握数字经济发展趋势和规律 推动我国数字经济健康发展 [EB/OL]. [2021.10.20]. http://www.nppa.gov.cn/nppa/contents/718/99532.shtml.
[43] 国务院办公厅 . 国务院办公厅关于 促进“互联网 + 医疗健康”发展的意见 [EB/OL]. [2018.04.28]. http://www.gov.cn/zhengce/content/2018-04/28/content_5286645.htm.
[44] 中国互联网协会 . 中国互联网发展报告（2021）[R]. 北京 : 中国互联网协会 , 2021.
[45] HIT 专家网 . 百度与人民卫生出版社战略合作，共建权威医学知识体系 [EB/OL]. [2019.09.11]. https://www.hit180.com/39173.html.
[46] 蒋勇 . 基于微服务架构的基础设施设计 [J]. 软件 , 2016, 37(5): 93-97.
[47] 王超 . 基于物联网的温室大棚计算机监控系统 [D]. 唐山 : 华北理工大学 , 2017.
[48] Egan, Judith. The Relationship Between Utilization of the Elsevier Online Remediation Tool and the HESI Exit Exam for Student Nurses Preparing for the NCLEX-RN.[D]. South Orange County:Seton Hall University, 2016.
[49] 华小鹭 . 荷兰专业出版知识服务研究 [D]. 北京 : 北京外国语大学 , 2021.
[50] 练小川 . 爱思唯尔的价值链延伸 [J]. 出版科学 , 2020, 28(2): 22-28.
[51] 人卫智数科技公司 . 人卫临床助手与默沙东公司“优医迈”正式启动医学资讯合作项目 [EB/OL]. [2021.11.12]. https://www.pmph.com/main/about?articleId=22400.
[52] 杜贤 . 知识服务之路：深度融合发展的“人卫”模式 [N]. 中华读书报 , 2020-02-26(006).

专题研究：重大出版工程图书资源管理与开发研究——以“汉译世界学术名著丛书”为例

4.1 研究背景

2021年是“汉译世界学术名著丛书”出版40周年。商务印书馆从1981年开始分辑刊行“汉译世界学术名著丛书”，1982年，正式推出第一辑50种，至今已推出19辑，共850种，并仍将继续分辑印行。“汉译世界学术名著丛书”所收书目均为一个时代、一个民族、一个国家学术史和思想史上具有里程碑意义的经典著作，被胡乔木誉为“对我国学术文化有基本建设意义的重大工程”，陈原称其呈现了“迄今为止，人类已经达到过的精神境界”。

“汉译世界学术名著丛书”对我国社会主义文化建设、哲学社会科学的发展、人类优秀文化遗产的传播做出了巨大的贡献，丛书的出版也一直受到社会各界的关注。探寻这套丛书走过的出版之路，梳理其在出版过程当中作出了怎样的调整以适应时代的发展，以及进入数字时代，出版社怎样通过数字化的方式对这一规模庞大，并且还将不断加入新品种的图书资源进行管理与利用，对于我们当前重大出版工程的管理、丛书的策划与出版都有着重要的借鉴意义。

4.2 对“汉译世界学术名著丛书”由来的追溯

商务印书馆自成立之初就一直进行着外国学术著作的译介工作，如果将“汉译学术世界名著丛书”放到商务印书馆的整个外国名著翻译史当中来考察，最早可以追溯到1902年出版的“帝国丛书”。胡企林在《学术文化事业的一项基本建设》一文中写道：“1902年，商务印书馆约请戢翼翚主持的留日学生团体‘出洋学生编辑所’编译的一套‘帝国丛书’开始出版，首卷为《帝国主义》，此即商务印书馆编译和印行外国哲学社会科学著作的开端。”1905年，商务印书馆出版了严复翻译的《天演论》，此后，商务印书馆慢慢聚集了一批著名的学者和翻译家进行外国名著的翻译出版工作，为国人引进世界先进的思想文化，在引领社会思潮、启迪民智方面发挥了重要的作用，渐渐形成了在外国名著出版领域的重要地位。

汉译世界名著第一次以丛书的形态出现，是1929年出版的“汉译世界名著丛书”。当时，王云五即将出任商务印书馆总经理，他“数岁以还，广延专家，选世界名著多种而汉译之”。加上早先出版的各科小丛书，扩充成万有文库。作为万有文库的一部分进行出版。1929年，《万有文库》第一集出版，其中包括《汉译世界名著初集》100种；1934年，《万有文库》第二集出版，其中包括《汉译世界名著二集》150种。这套丛书跟后来出版的“汉译世界学术名著丛书”有着类似的名称，但二者在收录范围上存在差别。“汉译世界名著”收入的图书涵盖了科学、文学、社科等更广泛的领域，甚至包括应用技术、犯罪学、军事、宗教、艺术、统计学等更广泛的内容[1]。《万有文库》出版了两集即终止，此后一直到新中国成立之前，国家处于频繁的战乱当中，商务印书馆仍在继续坚持译介外国学术名著，但未再以丛书的形式汇编。

新中国成立后，商务印书馆开始了搬迁、改组的路程，与高等教育出版社合并，只保留商务的招牌进行出版任务。直到1958年，才与高等教育出版社分立，成为独立的出版社，同年，中央也重新确定了商务印书馆的出版任务为“以翻译外国的哲学、社会科学方面的著作为主”，此前由三联书店联合几家编辑部正在进行的“‘蓝皮书’外国哲学社会科学翻译选题计划”也全部移交商务印书馆。在这样的背景下，陈翰伯在1963年组织制定了“翻译出版外国哲学、社会科学重要著作十年（1963—1972）规划”。1978年以后，原国家出版局重新确认商务印书馆的出版方针任务，主要仍为翻译外国学术著作和编印中外语文词典等工具书。

1979年，陈原在商务印书馆恢复独立建制后主持工作，于1982年商务印书馆成立85周年之际，正式推出“汉译世界学术名著丛书”第一辑50种。此后，“汉译世界学术名著丛书”进入正常出版的轨道，在40年的出版历程中，持续分辑刊行推出新品种，与时代发展相结合，为我国哲学社会科学领域的学术文化发展，为人类思想精髓的传播做出了巨大的贡献。

对“汉译世界学术名著丛书”追根溯源，我们可以看到，它由商务印书馆积极译介外国名著，昌明教育，启迪民智的优良传统当中产生，又在新中国成立之后成为在国家的领导规划之下一项重大的出版任务，这一项具有重要社会价值、学术价值的重大的出版工程还将延续下去，直到达到胡企林所说的“用几十年时间将世界古今有定评的哲学社会科学名著基本出齐”的目标。在下文的研究当中，将聚焦1982年推出的“汉译世界学术名著丛书”本身，从内容生产、产品更新、数字化建设的角度对其图书资源的管理与开发进行研究，探寻这项重大出版工程在40年之后的今天仍保有出版活力的原因，并对其在新时代的发展提出建议，以期为今天的丛书策划与出版提供借鉴。

4.3 “汉译世界学术名著丛书”的内容生产与更新

“汉译世界学术名著丛书”虽然1981年才开始正式作为丛书刊行，但其中收录的不少品种自商务印书馆成立以来开始进行外国名著译介工作的时期就出版了。随着时间的推移，时代发生了巨大的变化，社会思潮、语言文化等方方面面都发生了改变，里面的许多内容已经不适应时代的发展。这样一套跨世纪学术出版工程，要进行长期的发展，并维持它在学术出版领域的重要价值，必然要对新品种的选择、内容的修订与更新上进行精心的安排筹划。

1. 对收入丛书的品种进行精心选择

商务印书馆收入“汉译世界学术名著丛书”的图书，大部分是之前已经出版过的图书，或是出版过单行本，或是被收入其他的丛书当中进行过出版。“编辑会根据销售情况和不同的读者层次及对作品的反映意见进行统计，如果社会反响较好，读者接受度程度高，单行本会被编入‘汉译学术名著’备选出版清单，在作出轻微修改后，以丛书系列的方式进行整体出版。”[2] 以第十九辑中收入的11种哲学类图书为例，有10种商务印书馆都已经出版过，海德格尔所著的《康德与形而上学疑难》一书，2018年5月在“海德格尔文集”中出版，威廉·麦独孤的《心理学大纲》和库尔特·考夫卡的《心灵的成长》在2015年作为“心理学译丛”出版，帕斯卡尔的《外省人信札》，在2012年也出版过单行本。除了《理性的毁灭》一书商务此前未出版过，但也能找到其他出版社出版的版本。

可以说，收入“汉译世界学术名著丛书”当中的品种，都是已经经过市场检验的，在读者当中接受度较高的，被证实有出版价值的图书，能够保证“汉译世界学术名著丛书”的学术价值和社会价值。此外，商务印书馆一直保持着在丛书出版之前邀请专家学者召开座谈会，进行选题的规划与论证的传统。从1984年11月商务主持召开第一次选题规划座谈会开始，一直持续到如今丛书出版40周年之际第二十辑专家论证会的召开，“汉译世界学术名著丛书”每一辑的推出都是受到出版界、学术界关注的盛事。在出版之前严格的专家论证制度，能够使推出的每一辑品种都是最符合当下社会发展潮流的、具有出版价值的选题。

2. 对图书内容进行修订与更新

“汉译世界学术名著丛书”收入的作品时间跨度久远，随着时代的发展，社会思潮的变迁，难免会发现许多错讹之处，因此对图书内容进行及时的修订与更新，是丛书出版过程中一项非常重要的工作。这项工作主要包括序文的重新撰写、译本的重译修订、体例的规范统一、稿件的校订修补四个方面。

序文的撰写一直是“汉译世界学术名著丛书”出版过程中一项非常重要的工作，商务印书馆自1958年开始承担翻译出版外国哲学、社会科学重要著作的任务，在几十年的时间当中，社会思潮几经变迁，序文的撰写深受社会环境的影响。如20世纪50年代进行的“批判和消毒工作”。“所谓‘批判和消毒工作’，是20世纪50年代开始的通行做法，就是在翻译的著作前加入‘批判性序言’或出版说明。”随着社会的发展，这种带有明显的时代局限性、无法正确评价和介绍图书价值的序言必定要进行改写。陈原曾在1990年就丛书的序文撰写问题谈道：“序跋写好很重要。序要具备三个基本的方面：（1）写出这本书的时代背景；（2）写出作者发展了哪些学术理论，精点在何处；（3）后人对他有什么评价，他的书在社会上起了什么作用。”

关于译本的重译修订，以海德格尔《在通向语言的途中》一书为例，商务印书馆最早的版本是1997年出版的，作为译者早期的翻译作品，译文有其不成熟之处，也存在不少错讹。2004年收入“汉译世界学术名著丛书”中出版时，由孙周兴重新翻译。译者对一些基本译名有了新的考量，改正了原译本中的不妥之处，对一些不必要的译名附文进行了删改，增添了不少译注，并且新加入了海德格尔在自己保留的本书单行本样书上做的一些“文字修正”和“作者边注”，更便于读者理解海德格尔思想的进展。

在体例的规范与稿件的校对方面，我们从商务印书馆对“汉译世界学术名著丛书”珍藏本进行的校对管理工作中可以窥见其运作模式。2009 年，商务印书馆推出“汉译世界学术名著丛书”珍藏本 400 种，这一套书收入了“汉译世界学术名著丛书”已经出版过的品种，并对作品的体例进行了规范，对索引、参考文献、原文信息、译名统一等方面进行了处理。在内容的校对上，商务印书馆成立了“汉译名著专项协调小组”，对校对的组织流程进行完善，进行科学管理。并根据稿件的不同分解任务，“一类是需重排的稿件，计 346 册，这类稿件与新书无异，必须进行三校一核；一类是有照排文件，不需重排，但按珍藏本版式设计后需倒版的稿件，计 144 册。第二类稿件，不涉及参见、互见的，安排一校一核就够了。实际操作中，只有 40 部稿件属于这种情况，其余稿件皆因参见等问题，进行了三校一核。”[5] 通过校对软件、内部校对队伍、外部校对力量相互配合，在有限的时间内完成了校对工作，提升了丛书的整体品质。

4.4 “汉译世界学术名著丛书”的产品开发与利用

在继续分辑刊行新的哲学社会科学著作，不断加入新品种的基础上，商务印书馆为满足不同读者的需求，或是在重要的时间节点，基于“汉译世界学术名著丛书”进行了重新的策划编排，开发出了不同的产品。笔者将“汉译世界名著”的相关产品统计如表 4-1 所示：

表 4-1 “汉泽世界名著”的相关产品

产品名称	出版日期	种数	定价	时间节点
汉译名著随身读	2002 年	10	10 元 / 册	
汉译世界学术名著丛书·珍藏本	2009 年 9 月	400	19800 元	新中国成立 60 周年献礼
汉译世界学术名著丛书·分科本	2011 年 9 月	500		新中国成立 60 周年献礼
汉译世界学术名著丛书·120 年纪念版·分科本	2017 年 12 月	700	99800 元	商务印书馆成立 120 周年
汉译世界学术名著丛书·120 年纪念版·珍藏本	2018 年 12 月	700	39800 元	商务印书馆成立 120 周年

续表

产品名称	出版日期	种数	定价	时间节点
汉译名著日历	2020年9月	1	138元	“汉译世界学术名著丛书”出版40周年
“汉译世界学术名著丛书书目提要”	2021年5月	1	66元	“汉译世界学术名著丛书”出版40周年

基于以上统计，可以看出商务印书馆在产品开发层面的一些特点。

（1）珍藏本与分科本的推出，既迎合了重要的时间节点，也是对以往出版物的汇集

“汉译世界学术名著丛书”第一辑的出版已经过去了40年，在这期间，尽管商务印书馆一直在进行旧书的重印再版工作，但是仍有许多书籍已经绝版，难以买到。商务印书馆在2009年推出了“汉译世界学术名著丛书”珍藏本，既是为新中国成立60周年献礼，也是对以往出版过的作品的一次汇总。商务印书馆就该丛书的特点介绍道：“品种全。共计400个品种，490册，集齐了二十余年商务陆续出版的此书的全部品种；较现有平装本多出100余种。一些绝版多年、在旧书市场上一书难求的著作，这次都有出版，是30年来最全的一次总汇集。”2011年推出的“汉译世界学术名著丛书”分科本500种，即是在“珍藏本”的基础上，加上了新出版的第十一、十二辑和即将出版的第十三辑的部分图书。2017年和2018年为纪念商务印书馆成立120周年推出的珍藏本和分科本，又在已经出版的第一辑至第十五辑的600余种的基础上，加上了第十六辑和第十七辑的部分品种。

珍藏本与分科本的推出是以往出版过的“汉译世界学术名著丛书”的一次整体呈现。为我国的哲学社会科学发展、现代化学术进程做出了重大贡献，也作为商务印书馆学术出版成就的重要标志，将丛书汇集出版进行整体呈现，既能借机对图书的内容进行一次全面的修订与更新，也有利于文化的保存与传播。

（2）延伸的产品侧重收藏性，而普及性不足

商务印书馆后来推出的珍藏本和分科本都主要供人成套购买。

2009年推出的珍藏本可以看到这样的介绍性文字：“近二十年，‘汉译世界学术名著丛书’已经在学界享有盛誉，很多学者渴望收藏全套丛书，以整套收藏为荣。但由于时间跨度久远，很多珍贵的图书难以寻觅，在市面上很难买到一套完整的名著。此次珍藏本整体亮相，给广大学者提供了一个整体收藏的

良机。”这套丛书整体发售，限量发行，并附赠收藏证书，而2018年推出的珍藏本采用布面精装，每册书的平均单价达到120元左右，对购买者提出了更高的要求。分科本的价格虽然相对比较便宜，但整体发售的发行方式也不是普通读者会去购买的。可以说这两套丛书面向的只是各大机构、图书馆或者是有整套收藏需求且有购买能力的个人。二者的推出与普通读者没有太大的关系。再来看为纪念“汉译学术名著”出版40周年推出的“汉译名著日历”，定价138元，《汉译世界学术名著丛书书目提要》，定价66元，似乎只有喜爱汉译世界名著或者是有收藏、研究需求的人会去购买。

在出版普及本方面，商务印书馆也进行过尝试。2002年，商务印书馆推出了《汉译名著随身读》十册，希望“让汉译世界学术名著从高雅的学术殿堂走到读者中间”。这套丛书选择了10种在西方最具代表性的作品，由对所选书籍非常熟悉的专家学者进行选编，编辑成每本大约五万字的选本，采取口袋本的开本，希望成为读者们能够随身携带，在工作、生活之余能随时拿出来阅读的图书，让学术著作走进读者的日常生活当中。据陈小文介绍，这一套随身读本出版之后在社会上受到了广泛的好评和欢迎，首印千册在一年多的时间里就销售完毕，但是从第一期出版之后，后续未见到有普及本出版，终止出版的原因也没有查到。

可以看出，基于“汉译世界学术名著丛书”的产品延伸主要面向对“汉译世界名著”有着浓厚感情的，或者有收藏需求的群体。这样一套展示了“迄今为止，人类已经达到的精神世界”，在广大学者当中具有很高的地位与知名度的丛书，当然有推出供珍藏的版本的必要，分科本的推出，也能够满足当下的一些想购进整套图书的图书馆与各类机构的要求，然而让它在普通读者群体中得到更加广泛的传播，同时让它更贴近年轻读者群体，也是十分必要的。

4.5 “汉译世界学术名著丛书”新时期的数字化建设

进入21世纪，信息化技术飞速发展，商务印书馆也紧跟时代发展，启动了以办公自动化、管理网络化、资源数字化、商务电子化、外部互联网、内部局域网和辞书语料库为主的“四化二网一库”信息化工程。二十年的时间过去，商务印书馆的数字化建设也取得了很大的发展。已经打造了包括电子书、数据库、App在内的多种数字化产品。“汉译世界学术名著丛书”作为一项品种众多、历时久远的重大出版项目，对拥有的图书资源进行数字化的编辑加工，有助于更好地进行图书资源的管理与传播。商务印书馆也正在积极地进行这项工作。

1.“汉译世界学术名著丛书”电子书的出版

2014年，商务印书馆获得互联网出版许可证，实行纸电同步出版，开启了全媒体出版新模式，并在同年4月与亚马逊达成纸电同步战略合作，开发汉译世界学术名著kindle版，首期上线近200本精选本。将“汉译世界学术名著丛书”作为商务印书馆开启纸电同步出版战略新模式的标志，体现了商务印书馆对这样一套产生持续影响的大型出版工程的资源管理是非常重视的。

商务印书馆目前已与亚马逊、多看阅读、京东、豆瓣、圣智学习集团等全方位合作，在这些平台上均可购买（或付费阅读）商务印书馆的电子书。笔者对商务印书馆官网和京东阅读App的“汉译学术名著”电子书进行了统计，在商务印书馆官网的电子书板块下，显示已上架电子书共393种，其中“汉译世界学术名著丛书”当中的品种有107种，占到27%的比重。除了著译者、出版时间、本印时间、读者对象、主题词等基本信息的标注外，部分品种还有出版说明、前言、后记、目录等详细的信息，可供读者参考选择。官网上的电子书附有直通亚马逊的购买链接，可以试读、购买kindle格式的电子书，可通过kindle设备或kindle电子软件阅读。在京东阅读App上搜索“汉译世界学术名著丛书”，统计到电子书108种，其中有61种为分科本。另有套装10种，集合了历史上著名的大学问家、大哲学家的全集或选集7种，包括柏拉图哲学作品集、笛卡儿作品集、康德著作集、叔本华作品集、卢梭选集、尼采选集、马基雅维里作品集，以及经济学、哲学等套装。

在数字出版时代，电子书的阅读已经成为一种主要的阅读方式。像“汉译世界学术名著丛书”这样的长期、大型的出版工程，积累的图书资源是非常丰富的。将以往出版的纸质书进行电子化处理，既有利于内容资源的数字化管理，也为研究人员，为读者提供了便利，充分发挥其贡献于我国的学术文化基本建设、推动世界文化精华传播的重要价值。

2.“汉译世界学术名著”数字图书馆的建设

“汉译世界学术名著”数字图书馆是商务印书馆正在打造的多种主题数字

图书馆（数据库）当中的重要组成部分。商务印书馆计划基于“汉译世界学术名著丛书”，以数据库、知识化、移动化、互动化、多媒体化的方式重新组织、演绎，充分利用新技术手段，面向新的知识服务需求和应用环境，进一步释放、增强其社会价值、教育价值与经济效益。实现全文主题检索、中外文对照阅读、听书（机读）、社群互动等知识服务功能。

目前，“汉译学术名著”的数字图书馆还在开发当中。在商务印书馆App中，可以看到已经上线的部分功能。“汉译名著图书馆”的知识服务体系主要由三个部分构成：汉译名著名家视频导读、汉译名著全文检索数据库以及汉译名著电子书。“汉译名著名家视频导读”已推出26种名著125集，邀请对相关图书有精深研究的学者专家，对已经出版的图书进行导读，对作者生平、写作背景、主要内容、核心思想及学术价值详为讲解，分享独家研究心得，分享自己的研究成果。数据库的建设也是商务印书馆数字化建设当中的一个重要部分。早在2006年，商务印刷馆就启动了辞书数据排版系统项目和工具书在线工程，到了今天，已经完成了“商务印书馆·精品工具书数据库”“《东方杂志》期刊·全文检索数据库”建设。目前，商务印书馆的数据库有三条产品线：工具书、学术著作和历史期刊。学术著作的产品线——“汉译世界学术名著数据库”主要面向学者，提供分类导航、智能标签导航、知识体系导航、关键字及高级检索查找世界学术名著内容等功能，能够为学术研究提供很大的便利。电子书产品目前还未整合到App当中，出版情况在上文已有所分析。

可以看到，现在关于“汉译世界学术名著”数字图书馆与数据库的建设有许多部分仍处于待开发状态，但从商务印书馆对这项数字出版工程的规划当中，我们可以看到围绕对“汉译世界学术名著丛书”内容资源的数字化处理，将会形成一个集电子书、视频课、数据库为一体，既便于普通读者学习阅读，又便于专家学者研究查证的可读、可听、可查的互动化知识服务体系。“汉译世界学术名著丛书”中蕴含的人类思想文化的精华，也能得到更加广泛的传播。

3.“汉译世界学术名著丛书”的数字化传播

图书营销是一个尽可能将出版物信息传达给更多读者，并引起读者购买兴趣的过程。在互联网高度发展的时代，出版物通过网络渠道营销是进行宣传推广的一种必不可少的方式。商务印书馆建立了自己的“两微一端”传播体系，也积极通过豆瓣、短视频、直播等当下年轻人比较关注的平台和方式进行图书信息的传播。

在微博平台，主要通过官方微博账号“商务印书馆学术中心”进行图书信息的发布和推广。如通过“新书速递”“书摘”“重印直达”“每日荐书”“重温经典”等多种板块进行图书推介;创建微博视频号，通过两到三分钟的短视频，结合社会热点进行图书推荐。比如对曾经大众热议的我国生育率降低的问题，在视频当中对马尔萨斯的《人口原理》进行介绍。也经常开展转发赠书活动吸引读者目光，与读者进行互动。在商务印书馆官方微信账号中，发布配有“汉译名著”亮眼的彩虹墙的推文，对新出版的书目、图书内容等进行介绍。在直播方面，商务印书馆在天猫、京东、当当等多个平台开放了直播间，进行同步直播。相比于目前比较普遍邀请的“网红”“大V”，利用他们拥有的流量进行直播卖书的方式，商务印书馆更侧重于围绕主题，邀请学者或是图书编辑，对图书内容进行深度介绍与传达，结合促销活动进行图书的销售。比如2020年9月25日以“读懂一两个大哲学家”为主题，请著名哲学家陈嘉映和商务印书馆副总编辑陈小文畅谈哲学书，介绍哲学家。

商务印书馆目前已经建立了比较完善的数字传播体系，也可以看到，作为拥有百年历史，且已经拥有广泛的知名度与社会影响力的大社，商务印书馆在流量为王的时代，也仍保持自己比较严肃、精深的品牌形象，在推荐性博文、微信推文、直播形式上都进行比较深度的信息传达，并不唯流量是图。进入新时代，既要紧跟时代的发展，也要深耕品牌形象，以传播优秀文化、推动社会发展为己任，多出好书。

“汉译世界学术名著丛书”是我国学术文化基本建设的重大工程，对一代又一代的读书人产生了深远的影响。在出版的40年当中，丛书不断加入新的品种，推出新辑的同时，也在对以往出版的品种进行积极的内容修订和将图书资源进行数字化开发和建设的工作，对我国重大出版工程的图书资源管理能够提供重要借鉴。同时，在注意力稀缺的数字化时代，出版社都期望通过丛书的出版来强化品牌形象，吸引读者目光，“汉译世界学术名著丛书”也能够给丛书的策划与出版提供借鉴。

同时我们也看到，“汉译世界学术名著丛书”新品种的出版和数字化建设都处于未完成状态，在数字化时代，可以充分开发丛书丰富的内容资源，打造出多样化的知识服务产品，并在普及性方面做出更多的尝试，让这一套代表着人类思想文化高度的丛书被更多读者所了解，并从中受益。

参考文献

[1] 宋伟 . 民国时期商务印书馆“汉译世界名著”研究 [J]. 新闻研究导刊 , 2020, 11(10): 179-181.

[2] 高硕 . 商务印书馆“汉译世界学术名著”的编译模式分析 [D]. 北京 : 北京印刷学院 , 2017.

[3] 于淑敏 . 思想解放进程的见证学术丛书运营的典范：陈原与“汉译世界学术名著丛书”的出版 [J]. 中国出版史研究 , 2018(3): 124-143.

[4] 宋林 .“汉译世界学术名著丛书”五人谈 [J]. 中国图书评论 , 1990(2): 127-130.

[5] 高小坤 . 从“汉译名著 (珍藏本)”的校对看商务印书馆的校对管理 [J]. 中国出版 , 2010(3): 62-63.

[6] 陈小文 . 从高雅的学术殿堂走到普通读者中间：(汉译名著随身读) 的出版思路 [J]. 出版参考 , 2003(6): 20.

[7] 《商务印书馆 120 年大事记》编写组 . 商务印书馆 120 年大事记 [M]. 北京 : 商务印书馆 , 2017.

专题研究：行业性图书馆开展信息资源管理与服务探析

5.1 专业图书馆开展竞争情报服务的机理分析

专业图书馆是与公共图书馆、高校图书馆并列的三大类型图书馆之一。专业图书馆主要是指科学院系统的图书馆、政府部门及其所属的科研院所图书馆以及大型厂矿企业的技术图书馆，其主要任务是紧密结合本系统本单位的业务活动，广泛收集和保存科技文献资料，开展各种各样的文献信息服务。专业图书馆的职能是：作为所服务机构的主要信息来源，收集、组织、保管、利用并传播与该机构业务有关的各种信息与资料，为所需者提供服务。专业图书馆应把工作重点放在满足用户对于信息的需求上，而不是放在保存图书和杂志上。

无论信息是在何处以何种方式收集的，都应当是适用和有效的，这种认识已深入专业图书馆管理专家的潜意识中。专业图书馆的地位是由它的性质、特点和功能所决定的。为母体机构组织提供文献信息与情报的功能使专业图书馆成为母体组织不可缺少的“知识食堂”。

信息资源管理与服务的一个重要门类是情报研究与服务。“竞争情报”是情报大类中的一个分支。“竞争情报”的基本含义为一个组织能感知外部环境变化并做出反应、使之更好地适应环境的能力而获得环境变化信息，并能够与之相适应的能力，就是竞争情报能力——竞争环境中的情报能力和对策与变革能力。从国外竞争情报文献反映的总体情况来看，竞争情报主要是在企业发展起来的，因而以企业为决策主体的竞争情报研究和实践占据了研究讨论的中心地位。各文献中的竞争情报在没有明确强调决策主体的情况下，一般都是指企业而言的。显而易见，政府、社团、个人都可以作为决策主体，从事与以企业作为决策主体实质过程相同的竞争情报工作。

企业开展竞争情报工作的根本目的是提高企业的竞争优势。具体体现为更好地了解竞争对手，尽早判断市场机会和威胁，获得竞争远见，洞察变化趋势，制定强大的竞争战略，采取明智的举措，在竞争中获取和保持竞争地位。

竞争情报是一个连续的过程，主要功能包括竞争对手分析、环境监视、市场预警、技术跟踪、策略制定、反竞争情报等。从情报产品被传播、应用程度来看，竞争情报主要为决策者提供情报产品，包括决策所需的信息原料、决策半成品和决策产品。从情报工作和战略决策关系看，情报工作主要提供战略情报，为战略决策服务。竞争情报服务就其本质而言是对整体竞争环境的一个全面监测过程，是通过合法手段收集和分析商业竞争中的有关商情，对可能出现的机遇和危险提供早期预警，对竞争对手的动向进行监控和评估并及时作出相应的反应，避免企业处于竞争劣势，提供战略和战术决策支持的商情研究活动。

竞争情报是一个不断演进的过程。竞争情报的产生与发展得益于军事情报和国家安全情报，军事情报和国家安全情报与竞争情报的关系至今仍是一些学者研究的问题。就竞争情报的具体领域而言，竞争情报又可以划分为企业竞争情报、政府竞争情报、非营利社团组织竞争情报等。

网络化、数字化的信息环境推动了图书情报一体化的模式由以文献资源为核心转变为以用户服务为核心。数字图书馆摆脱了传统图书馆单纯基于信息资源的服务模式，而围绕信息用户的信息活动和信息系统来组织、集成数字资源和信息服务。情报工作在以用户信息服务为核心的图书情报一体化模式的驱动下，将会更加强调“深”与“专”、个性化、针对性、及时性。情报工作将不再只依赖于以往的情报汇编与报道的模式，将向决策咨询的模式发展。以用户服务为中心的专业图书馆将以研究型的服务机构形态出现在社会竞争中，其灵活、个性化、及时、有深度的情报服务将成为专业图书馆的核心竞争力所在。

随着信息数字化、网络化传播的渐趋深入，图书馆尤其是专业图书馆具有的文献信息组织与传播功能渐趋衰微，而提升服务层次、大力开展知识服务（智库）的呼声日益高涨。专业图书馆开展竞争情报服务发展到如今已成为一项主要职能。

5.2 印刷出版行业特色鲜明的图书馆开展信息资源管理服务的实践

北京印刷学院图书馆是一座印刷出版行业特色鲜明的图书馆。本节将以北印图书馆在对版本文献、学科文献、专业特色文献等方面所开展的信息资源管理与服务实践，来总结出实践案例，探讨印刷出版行业图书馆面向行业人才培养与教学科研所进行的信息资源管理实践。

1. 北京印刷学院图书馆关于版本文献的组织管理与开发利用

所谓文献（document），是记录知识的一切载体。即用文字、图形、符号、声频、视频等技术手段记录人类知识的载体，为图书、期刊等各种出版物的总和。文献是记录、积累、传播和继承知识的最有效手段，是人类社会活动中获取情报的最基本、最主要的来源，也是交流传播情报的最基本手段。版本文献就是一个国家出版的所有文献的保存本。书籍是知识的载体，版本则记录了书籍的生命史。版本的外在形式和内在内容，一方面为研究者提供了重要的参考资料，另一方面也折射出整个社会的历史变迁。

北京印刷学院是一所以印刷出版专业教育闻名于社会和业界的高等学府。曾经是隶属于原国家新闻出版总署（前身是国家出版局）的部委院校，因此得天独厚地拥有了一部分国家版本图书馆的版本特藏文献。1983 年，国家出版局决定，撤销在湖北丹江口市的国家第二版本书库，将所有图书、报刊资料调拨给北京印刷学院图书馆。这是一套从新中国成立到 1983 年收藏的国内正式出版物样本资料，包括图书、线装书、报刊、画册、书画卷轴等，每种一册，合计 33 万种。反映了新中国成立到 1983 年我国的出版状况和出版成果，以及政治、经济、文化、科学发展史，具有鲜明的时代特征和很高的收藏与研究价值。北京印刷学院图书馆对这部分版本特藏文献进行了认真整理加工，编目入库便于检索，密集编码存放，并结合学校印刷出版和设计艺术等专业教学科研需要，从图书史、印刷史和出版史专业角度进行了文献开发利用，使这部分版本文献为学校印刷出版专业教育发挥了独特的辅助作用。

为了避免从读者借阅流通使用上被视为“旧书”的 20 世纪 50—80 年代的书刊资料束之高阁而沉睡，图书馆为这批版本文献开辟了版本特藏阅览室，该阅览室的定位为“这里是印刷出版文化的展示园地，这里是印刷学院校友捐赠的印刷珍品橱窗，这里是印刷包装设计出版文化的教学研究辅助基地”。

为了开发利用出版物资源，同时结合北京印刷学院的教学科研特色发挥图书馆的文献基地支撑功能，我们从本馆现有的版本资料中挑选了一部分新中国成立以来到20世纪80年代的出版物，包括具有版本特色的图书和字画进行开放与展览，按照20世纪50年代、20世纪60年代、20世纪70年代、20世纪80年代的时间段陈列，另外预留若干架位供以后的文献扩充。通过这个展示园地，使读者可以更深切地体会到版本的价值以及版本本身所具有的独特魅力。“从版本文化的角度解读历史，在社会发展的视野中审视出版”。以后我们还将不断收集古今中外的各种出版物版本，包括广大校友赠送的各种精美的出版物印刷样品，在广泛收集版本文献的同时，以本阅览室为基地，常年开展印刷出版文化学术活动以及版本文献学研究工作。

以这批版本文献为主干部分，图书馆还将通过收集不同书籍形态的文献、古今中外特色图书、不同材料、不同工艺的图书文献，系统展示图书文献的编辑、出版、印刷的发展沿革与文化风貌，形成观摩系列、阅读系列、研讨系列三大功能模块。为北京印刷学院的教学和科研服务，为我国出版印刷行业服务。逐步发展成为我国的“印刷文献博物馆”（长远目标）。

版本特藏阅览室的发展理念与规划是：将学术性、思想性、欣赏性紧密结合；整体设计，分步实施；贴近出版印刷行业，面向教学科研；形成长效建设机制，使特藏阅览室成为不断生长的有机体。初期阶段以新中国版本文献展示与研究为主（三至五年时间），随着文献征集范围的扩大和研究基础的积淀，逐步建设成为古今中外印刷出版文献的集萃之地和出版产业与文化研究的信息中心。

我们从本馆版本书库中挑选了各个年代具有代表性的书刊资料放入版本特藏阅览室进行分架展示，同时扩展增加了相关主题的书架，并从出版史角度为每架书刊文献进行了概括和导示。

（1）新中国刷印出版的线装古籍

本架展示的是中华人民共和国成立后刷印的部分线装古籍，其中有近代史上著名的私家藏书楼浙江“嘉业堂”刻印的珍藏文献，有经、史、子、集方面的古籍文献。从中可以管窥线装古籍的版本形态及印刷流传情况。

（2）20 世纪 80 年代图书

80 年代是新中国成立后出版业繁荣的十年，在书报刊的编印发和行业管理方面都取得了前所未有的突破。本架图书可作为其中的出版历史文化缩影，供读者领略那个年代的图书出版印刷设计包装概貌。

（3）20 世纪 70 年代图书

70 年代后期，文化出版领域得到第二次解放，一大批好书新书得到重印和出版。本架图书反映了 70 年代图书出版印刷的文化概观。

（4）20 世纪 60 年代图书

60 年代是新中国出版业的低潮期，出版品种、印刷数量、图书内在与外观质量没有新发展甚至大为降低。本架图书是那个年代出版状况的实物例证。在本馆版本库中的图书总量以 60 年代为最少。

（5）20 世纪 50 年代图书

新中国成立后的第一个十年，图书编辑出版印刷发行都进入了新的历史发展时期。伴随发展国民经济的第一个五年计划的实施，图书的出版印刷发行取得了显著成绩，为社会主义出版事业奠定了坚实的基础。本架图书反映了 50 年代出版业的独特风貌。

（6）20 世纪 50—80 年代的画报、小人书

我国最早的小人书的出现是近代石印技术传入的结果，我国的小人书在世界出版史上具有其独特性。本架所展示的是新中国出版印刷的画报和小人书（连环画）的缩影概观。

（7）20 世纪 50—80 年代的期刊

期刊的发展，在一定程度上反映了国家一定时期政治、经济、科学、文化和教育的状况。读者可从本架陈列的期刊中管窥新中国特定时期的各个方面的历史状况，展示的这些期刊可为研究我国期刊编辑出版印刷发行提供实证文献支撑。

（8）20 世纪 50—80 年代的报纸

读者可从本架陈列展示的发黄的报纸版面中回味过去的历史和文化，从开始变脆老化的纸面和渐趋模糊的油墨字迹中梳理印刷排版的历程，追忆“当代毕昇”王选的历史功绩。

（9）“国家图书奖”获奖图书（20 世纪 90 年代至今）

“国家图书奖”由原国家新闻出版总署于 1992 年设立，每两年举办一届，是我国图书出版界最高级别的奖项。该奖分哲学社会科学、文学、艺术、科学技术（含科普读物）、古籍整理、少儿、教育、辞书工具书和民族文版图书等九大门类，设国家图书奖荣誉奖、国家图书奖和国家图书奖提名奖三种奖项。

本架收集展示历届获“国家图书奖”的部分图书，反映了我国 90 年代至今出版的在编辑印刷出版方面高水平图书的面貌。

（10）校友印刷企业捐赠图书专架

与校友印刷企业的密切联系和广大校友的慷慨回馈是印刷学院拥有“不尽源头活水来”的重要环节。通过以文献为纽带建立与校友印刷企业的密切联系，将为我们传播与弘扬印刷出版文化拓展宽广的空间。感谢下列校友企业！我们的合作者正在不断扩大……华联印刷有限公司、雅昌（企业）集团有限公司、佳信达艺术印刷有限公司、奇良海德印刷有限公司。

（11）北京印刷学院文库

本架收集陈列我校教师出版的学术著作、硕士生毕业论文、部分教学科研中形成的“灰色文献”（内部资料）。这里将是积累和建设我校“知识库”的原生地。

（12）专题图书展

版本特藏阅览室还经常举办专题图书展览，如①“红色经典”专题图书展；②“书之书”专题图书展；③珍稀版本报刊展览。同时还配套开展关于阅读文化、图书文化的讲座，对学生进行书香熏陶，培养学生对书文化的美好感觉和将来从事出版印刷创意行业的人文素养。

30 多万册（种）的版本文献在时间的累积中以文献的物质形式客观反映了新中国成立以来一直到 20 世纪 80 年代的出版轨迹，抚摩着 50 多年前的历经半个多世纪的版本文献，这些发黄的纸张、简朴的版画封面、厚朴的墨线版式、低廉的书价、消失了的出版社、废弃了的书号编码……这些版本文献全息地反映了新中国的出版历史。当一批批出版专业和设计艺术专业的研究生来版本特藏阅览室开展课堂研讨时，我们欣慰地感到：透过这些版本文献无言的历史诉说，新中国的出版史已润物细无声地教育着一代代印刷出版专业的学子。

2. 北京印刷学院图书馆关于学科资源的整合与管理机制的构建

随着教育信息化的不断发展与深入，特别是在本科教学水平评估工作的推进下，高等学校的校园网建设得到迅猛发展，通过有线网络的敷设和无线网络的布局，校园网跨越了时间和空间的距离，把获取信息的途径由教室、实验室和图书馆，扩展到校园的每一个角落，师生可随时随地遍享学校学科资源。但是，另外，因众多的学科资源的承建者和管理者各不相同，以及其他原因，学校内很多具有特色性、实用性、针对性强的资源淹没于信息的海洋，资源利用率低下……因此，利用现代化的数字图书馆建设与管理平台，对学校学科资源进行有机整合、管理，提高资源的认识度和利用效率，是作为学校信息化建设不可缺少的图书馆在新时期面临的新的建设内容。

学科资源的整合与管理主要包括资源的梳理和元数据标引、数据库建立与发布两大主要内容。

根据不同的划分标准，学校学科数字资源可划分为不同类型。

根据存在形式划分，学科数字资源可分为网络学科资源和网下学科资源。

（1）网络学科资源——也叫虚拟学科资源，它是以数字化形式记录的，以多媒体形式表达的，存储在网络计算机磁介质、光介质以及各类通信介质上的，并依托计算机网络进行传递的各类学科信息内容的集合。是学校学科资源中最广泛、最为受众喜欢的资源，如网络数据库、网络课件、教学网站等。其特点：①存储数字化。②表现形式多样化，除以文本外，还可以图像、音频、视频、软件、数据库等多种形式。③以网络为传播媒介，体现网络资源的社会性和共享性。④传播方式的动态性和实时性。

（2）网下学科资源——相对于网络学科资源而言，是指独立于网络应用环境下的各类学科资源，也就是不能或尚未借助于计算机网络进行传递的信息资源，如单机版的教学课件等。

学科数字资源包括：

（1）教学素材：教师或专业人员经过分类筛选将适合于教学、研究的图像、声音、视频、动画等辅助性素材以数字化形式记录。包括图片、视频、动画、音频。

（2）教学资源：主要服务于教师的备课、上课、教学研究和网上交流等，是学校教学资源的积累和物化形式，是形成一个学校、一个学科以及教师个人教学特色的重要组成成分。包括电子教案、学科网页。

（3）学习资源：主要包括网络课堂和电子资源库。

学科数字资源按学科资源内容划分，可以分为：引进的各类商业数据库、自建的特色资源包、实验室与教学网站、网络课件以及专题性资源等。

我校图书馆依托本校高教研究项目的支持，着眼于将学校教学科研方面的数字资源进行整合与组织管理。具体思路是，根据校园网资源建设的承担与管理者不同，对我校学科资源按馆 / 中心、教学系部、教学管理单位所提供的各类网络资源进行逐一清查、存底，并按内容进行统一归类，形成数据库、学校特色资源、中心 / 实验室网站和学习平台等四个大类六个小类近 300 个资源集合。

在学科资源元数据标引及数据库建设方面的工作也是信息资源建设的主要内容。所谓元数据是指提供关于信息资源或数据的一种结构化的数据，是对信息资源的结构化的描述，通过描述信息资源或数据本身的特征和属性，规定数字化信息的组织。元数据标引，是信息重组的基础。对我校学科资源的整合与管理，实际是在梳理我校学科资源的基础上，对其进行元数据标引，通过金信桥数字图书馆平台构造学科资源数据库底层结构，完成数据的录入，通过索引重建，提供单一条件、组合条件和数据库内数据的全文检索等多种检索途径，并提供检索结果按需排序输出。

学科数字资源数据库建设流程如下。

（1）元数据设计网络学科资源的元数据包括的主要因素有：名称、创建者、管理者、其他责任者、主题和关键词、学科专业、描述、URL 地址、资源评价等。

网下学科资源的元数据包括的主要因素有：名称、管理者及所属部门和联系方式、其他责任者及所属部门和联系方式、主题和关键词、学科专业、资源评价等。

（2）数据库建设与发布借助我馆现有的金信桥数字图书馆管理平台，自建并发布学科资源整合数据库，读者可借助浏览器进入该数据库，通过多种检索途径，直接或间接获取相关资源的信息。

（3）数据库维护采取定期人工回检方式，保证所收集的网络学科资源信息的准确性，并及时补充新增资源。

重点学科导航的实现，是信息资源管理与开发利用的重要功能。本着简洁、效用的原则，针对我院的多个硕士学位授予权的专业如传播学、材料物理与化学、信号与信息处理、设计艺术学、企业管理、机械电子工程，进行校内数字资源的重组。同时，汇集互联网上有代表性的、有影响力的专业网站信息，形成了我馆重点学科导航构成体系基本框架。

为了便于读者了解这些学科专业的情况，导航中详细介绍了每个学科专业在北京市学科专业群中的定位，各自的研究方向、人才培养定位、师资情况、教学实验、研究实践等的基本情况。

重点学科导航系统的构成模块主要包括以下内容。

（1）馆藏资源：根据学科专业的特点，有针对性地选取馆藏中外文数据库，并参考近年来读者对这些数据库的使用情况，并按照利用率从高到低排序。这些馆藏数据库多采用本地镜像、教育网镜像（国外数据库或采用教育网镜像，或利用教育网专线访问）和本地自建特色库（特色馆藏库、特色专题库），访问速度、响应时间都比较理想，是读者利用数据库时的首选。设置的内容包括数据库名称、内容简介、访问方式(链接到我院数字图书馆门户中相关的介绍)。

同时，为开阔读者认识、了解和使用该专业数据库的视野，列出与本专业相关的试用数据库，通过其利用情况和读者的反馈，为我馆是否采购该数据库提供决策依据。

（2）校内资源：将学院由相关职能部门牵头组织、教学单位自建的特色资源包（库）、反映本学科专业最新研究成果和承担本学科专业教学实践的实验室（网站），按照学科专业进行信息重组，提供一站式的链接指引。

（3）其他资源：充分利用互联网开放获取平台，将互联网上与本学科专业相关的资源汇集，提供指南。包括可免费获取的中外文期刊网站、有代表性的在本学科专业领域有一定影响的中外专业网站等。

着重从技术实现机制和工作流程管理机制上对我校学科文献数字化资源的整合与组织管理机制进行了实践和探索。通过资源普查和与校内相关机构的沟通合作，把校内的学科与教学数字资源进行了一次摸底，并系统收集整合到图书馆的网站栏目中，建立了“校内学术资源整合”专题栏目，并建立了随时更新与维护的工作机制。

我们对学校重点学科进行了信息资源分析与研究，针对我院的多个具有硕士学位授予权的专业进行校内数字资源的重组，同时，汇集互联网上有代表性的、有影响力的专业网站信息，形成了我馆重点学科导航构成体系基本框架。

学校的学报是集中反映学校教学科研成果的窗口，经过多次磨合，我们建立了与《北京印刷学院学报》的电子版共享与及时收录最新一期学报内容的快速反应机制，图书馆网站上的学报社科版和自科版的内容及时完整地上网发布。

学校教师发表和出版的学术论著绝大部分属于纸本出版物，只能通过图书馆的手工收集得到不完整的积累，图书馆是尽可能想方设法搜寻每个教师的学术成果，比如从学校人事处拿到教师名录，然后到国家图书馆总书目库去检索我校教师历来出版的图书，或者到CALIS（中国高校图书馆信息资源共享工程）的书目总库里检索出书目，然后通过书商多方收集配备。现在，“北印文库”积累的学术成果已达到较完备的规模。图书馆在纸本收集的基础上，通过图书馆的数字网络平台建立了“北印文库”数据库，一方面把教师出版的学术专著建成专题数据库，同时利用CNKI（中国知网）全面检索我校教师发表的学术论文并整合建库（这一工作重要体现在回溯检索收集以往我校教师发表在《北京印刷学院学报》上的论文）。

图书馆与学校研究生处建立了研究生毕业论文电子版系统收集建库的机制，由研究生部在研究生毕业离校时有组织地收集研究生学位论文的电子版，然后由图书馆用自己的网站平台建立我校研究生学位论文库，并注意了知识产权的保护及安全技术保护措施。

3. 北京印刷学院图书馆对设计与艺术学科信息资源管理的实践探索

印刷院校一般也属于艺术类院校，这来自印刷的工艺与设计艺术密不可分的属性。北京印刷学院立足北京及国家的现实需求与文化战略部署，将印刷技术和设计艺术作为重点发展的学科。其中设计艺术学科的发展及成果将服务于首都文化中心、“设计之都”的城市定位及北京文化创意产业的发展；并奋力成为培养中华优秀印刷文化传承人的教育基地。高校图书馆作为纸本文献资源和电子资源的汇集地，如何为本校设计艺术专业提供信息资源管理服务？首先要进行信息资源的组织与管理。

只有了解现有文献信息资源的使用状况才能探索到更加符合学院特色的文献服务方向。通过分析现有艺术类馆藏文献利用情况，我们就能够对症下药。文献利用率主要是从馆藏满足读者需求的角度、依据读者利用图书的流通统计数据进行分析的。一般来说，流通统计数据能够反映馆藏的实际使用情况，一个图书馆馆藏内容质量高低可以根据馆藏中究竟有多少文献能真正为读者所用来判断。文献利用率可以真实地反映馆藏资源的实际水平，是进行馆藏建设的决策依据，是优化藏书质量的方法和手段。高校图书馆如果通过有效的手段定期对馆藏图书的结构质量进行分析、对其利用情况进行统计，不但可以达到检验文献采购质量的目的，而且还可以发现目前馆藏在结构质量方面或者是内容质量方面存在的问题，从而为制订馆藏补充计划、馆藏采购策略以及开展馆藏复选工作提供可靠的依据。

设计艺术作为我校的主要支柱学科经过多年的发展，已经在教学、科研、师资等方面有一定知名度。图书馆作为教学科研的重要保障部门，在艺术类及其相关的文献建设方面投入了大量的资金和心血。然而艺术类相关文献是否满足当前教学、科研的实际需求？读者对此类文献实际情况的了解到底如何？需要通过实际馆藏利用率来反映。

我们进行了类目结构分析。按照《中国图书馆分类法》J 类为艺术类，但艺术的教学研究除了设计艺术专业外，同时还涉及广告、传播学、文物考古、人物传记、摄影技术、书籍装帧、计算机应用、建筑理论等多个领域。

通过馆藏结构统计分析能够看到：可借文献馆藏量排名前四位的依次为绘画（J3）8942 册、计算机应用（TP391）8498 册、工艺美术（J5）1372 册、艺术理论（J0）2618 册；借阅次数排名前四位的依次为计算机应用（TP391）55117 次、绘画（J3）13877 次、工艺美术（J5）9229 次、艺术理论（J0）5012 次；平均利用率排名前四位的依次为书籍装帧（TS88）9.0、计算机应用（TP391）7.0、建筑理论（TU0）2.5、工艺美术（J5）2.1。

可借文献馆藏量排名后四位的依次为：戏剧艺术（J8）109 册、雕塑（J3）207 册、摄影技术（TB8）420 册、书籍装帧（TS88）699 册。借阅次数排名后四位的依次为：戏剧艺术（J8）80 次、雕塑（J3）108 次、摄影技术（TB8）797 次、人物传记（K81）966 次。平均利用率排名后四位的依次为：戏剧艺术（J8）0.7、雕塑（J3）1.1、电视电影（J9）1.3、广告（F713）1.4。

从中可以看出艺术专业读者从文献利用率上看表现得相对均衡，我馆在文献种类上涵盖了所有专业，文献副本数量也保持在 4 ∶ 1。文献馆藏量与借阅数量、平均利用率基本成正比，但也有细微差别。在可借阅文献馆藏量排名前四位中，计算机应用（TP391）馆藏量低于绘画类，而在借阅次数排名中却高于绘画类。这是由于计算机应用类的文献除了艺术专业读者使用外，其他学科读者也在大量使用。书籍装帧（TS88）在借阅率中异军突起，在没有馆藏量的积累下反超计算机应用（TP391）和绘画（J3）。书籍装帧（TS88）的借阅率高达 9.0，在此类图书中还可以细分为印刷基础知识、印前设计、印后加工、装订几个部分，本院是印刷出版行业专业高校，较高的借阅率准确反映了我校教学科研的真正核心。入校新生的必修课“印刷基础”所用图书基本来源于此类文献，同时印刷包装专业和设计艺术专业的许多专业用书也来源于此。此类文献馆藏地为科技阅览室，大量的书籍装帧设计类图书按照用途来说应该藏于传播与艺术阅览室。应与印刷包装专业有所区别。馆藏量排名靠后的戏剧艺术（J8）、雕塑（J3）、摄影技术（TB8）、书籍装帧（TS88）和借阅次数排名靠后的戏剧艺术（J8）、雕塑（J3）；两类在馆藏量和借阅次数上靠后为正常表现。本校并没有与此类目相关的专业课程，读者借阅通常只是业余爱好。

其次是进行艺术专业关键词分析。从事艺术专业研究的读者对《中国图书馆分类法》并不熟悉，而是按照专业约定俗成的习惯进行逻辑分类。我校设计艺术学院在专业设置方面有着自身特有的特点。

艺术设计专业（平面艺术专业方向）主要课程：

素描、色彩、艺术史、构成艺术、装饰基础、字体设计、设计学、机构形象设计、招贴设计、书籍装帧设计等。

数字媒体艺术专业（包括多媒体艺术设计、网络艺术设计、数字影像艺术三个专业方向）主要课程：

素描、色彩、构成艺术、设计学、传播学基础、计算机辅助设计、视听语言、多媒体视音频艺术与技术、多媒体编创艺术、多媒体动画造型技术及应用、网站策划与设计、动态网站设计、数字摄影艺术、三维摄影等。

动画专业（动画艺术、游戏设计两个专业方向）主要课程：

素描、色彩、图形图像软件基础、视听语言、动画造型设计、动画剧本创作、中外电影史、游戏角色设计、游戏概念设计、游戏关卡设计等。

绘画专业（包括出版绘画、数字绘画两个专业方向）主要课程：

素描、色彩、艺术史、数字设计软件应用、数字绘画技术、综合材料与应用、卡通表现技法、插图创作、数字人物绘画、数字场景绘画、数字绘画创作。

通过具体专业设置，提炼了涉及设计艺术学院使用频率较高的“关键词”，并以关键词为类目进行数据统计分析。此种分析仅限于传播与艺术阅览室文献。

通过“关键词”统计分析，有如下发现。

理论知识：艺术理论类文献在可借文献馆藏量排名和借阅次数排名中均列第一位，平均利用率排名居中。从中可以看出馆藏此类文献种类、数量基本可以满足读者需求。传播学类文献在各项排名中居中，传播学在设计艺术学院的数字媒体本科专业中设置，但只涉及一些传播学的基础知识。康庄校区读者对此类图书的需求量更大。

基础知识：素描类在可借文献馆藏量中排在前三位。按理说素描为艺术专业基础课程，应该有较大的使用需求，而在平均利用率中却排到后四位中。说明读者对此类文献没有较高的需求，在以后的购书配比中应该减少此类文献的购置，同时将现有文献优化，以节约文献空间；色彩类在可借文献馆藏量、借阅次数排名、平均利用率排名中的表现均衡。人体类在可借文献馆藏量、借阅次数排名中都进入了倒数行列，据了解设计艺术学院的人体写生课时很少，因此读者对此类文献的需求也不会太高。静物类在平均利用率排名中倒数第一，可借文献馆藏量、借阅次数排名居中。说明读者对此类文献没有较高的需求，在以后的购书配比中应该减少此类文献的购置。构成类在借阅次数排名、平均利用率排名中均进入前四名。说明读者对此类文献需求量大，在以后的购书配比中应该增加此类文献的种类、数量。装饰类的可借文献馆藏量偏少，平均利用率排名居中上。说明读者对此类文献有一定需求，在以后的购书配比中应该增加此类文献的种类。

专业知识：摄影类在可借文献馆藏量、借阅次数排名中均进入前四位，平均利用率排名居中。应该停止此类文献的购买，调整、优化内部种类；动画卡通类在可借文献馆藏量、借阅次数排名中均进入前四位，平均利用率排名居中。应该停止此类文献的购买，调整、优化内部种类；插图类在平均利用率排名中位列第一，而在可借文献馆藏量、借阅次数排名中却居中下。因此在以后的购书配比中应该大量增加此类文献的种类、数量；大量书籍装帧类文献在加工时被分到了 TB88 类，以后可以从科技阅览调拨一部分图书；标志设计类在平均利用率排名中进入前四位，而在可借文献馆藏量、借阅次数排名中却居中。因此在以后的购书配比中应该相应增加此类文献的种类、数量。

另外，还要依据本校设计艺术学科的特色，提高文献信息资源的学科特色。

据国家“双一流”建设的学科特色化、差异化发展的要求，依据我校的历史传统与资源优势，拟建设以印刷艺术为特色内涵的艺术学理论学科。印刷艺术是指通过制版与印刷程序将艺术家的创作呈现出来的艺术作品及艺术活动，包括版画、年画、招贴、笺谱、书籍设计、插图等艺术形式。在中国及国外，印刷艺术都是一个具有历史人文气息的传统艺术类别，并因其特定技艺在当代艺术中仍葆有生命力。

作为以印刷命名的大学，北京印刷学院在亚洲是唯一的，在世界与莫斯科印刷艺术大学并立，在印刷相关研究领域具有优势地位。我校在印刷艺术研究领域已有相关国家及省部级课题、专著、论文及特色课程等基础成果。该学科以印刷艺术为特色，以印刷技艺与艺术表现的交叉为切入点，覆盖艺术研究中的设计、美术、新媒体艺术等其他领域，并将该学科汇入学校印刷与传媒的整体特色化发展之中。

因此对于设计艺术类信息资源的建设应该着重三大方向：（1）强化基础理论方向艺术史论文献建设：艺术史论研究方向，属于基础理论方向。其研究内容与范围主要包括对艺术本质及特征、艺术创作与发展、艺术生产与消费、艺术交流与传播、艺术与美学等方面的研究；对艺术在不同历史时期、不同文化背景下的发展过程及规律的研究。文献资源应特别关注包括印刷设计史、印刷美术史、书籍史等学术专著搜集。（2）拓展设计艺术与印刷文化的交叉学科文献：其范围主要包括关注印刷媒介与艺术表现，研究印刷、纸张与版画、年画、招贴、笺谱、书籍设计及插图、邮票、纸币等领域的文献建设。（3）关注新媒体艺术前沿研究：追踪媒介环境中印刷艺术等传统文化艺术的现代转化，印刷媒介与新媒介的渗透融合及发展趋势，印刷媒介与数字媒介的比较等热门研究方向。

最后，还要开展信息资源的开发利用，结合所组织管理的设计艺术类信息资源进行专项开发利用：

（1）针对不同需求定向推送主题书目数目。

（2）开发利用特藏资源文化专刊《特藏文苑》。积极向广大读者宣传、介绍图书馆特藏阅览室的雕版印刷书籍、高仿真书画及精品图书等，扩大读者对特色文献的认知度，提高特色文献的利用率。

（3）高仿真书画展：历史上书画仿制由来已久。据文献记载，早在南朝梁陈间摹拓画便已风行，迄于近世，双钩、临摩、刻拓、缩版印刷，随着时代科技演变不断提高，我国书画艺术遗产得以代代相承，精益求精。高仿品，从原材料、油墨、机器设备等方面进行一系列的改进与创新，在灵活地运用传统“珂罗版”的基础上，增加了数字摄像和纳米制料，去除机器拍片、制片、放大的陈旧做法，运用高达 3.5 亿像素的电子立体扫描技术进行原作扫描、高精分色，充分展现真迹每一个色彩层次，确保原作的每个细节没有缺少和损失，使作品的仿真效果达到了真正意义上的“中国特色”仿真制品的样子。

（4）特色书展。历经多年搜集中国最美图书获奖作品。中国“最美的书”评选活动历史悠久，2002 年至今经过 20 届的评选，该奖项代表当今中国图书装帧设计界的最高荣誉，反映我国书籍艺术的最高水平。图书馆自 2010 年开始收集历年获奖图书。经过多年的汇集，目前已收藏400余册获奖图书。“最美的书”凝聚了实力雄厚的出版社、中国顶级的书籍设计者、先进的印刷技术，通过本次展览既可以概览出版界二十余年来的风格变换，又可仔细体会“最美的书”细节之美。

参考文献

[1] 陈峰 . 产业竞争情报产品与服务的细分内容 [J].2013, 32(1): 37-43.
[2] 中国科学技术情报学会竞争情报分会 . 超越梦想 共创未来：中国竞争情报事业20年暨第二十届中国竞争情报年会在北京圆满落下帷幕 [J]. 竞争情报 , 2014, (4): 50-53.
[3] 陈熙 . 盘点2020年竞争情报 [J]. 竞争情报 , 2021, 17(2): 46-50.
[4] 胡平 . 情报日本 [M]. 上海 : 东方出版中心 , 2008: 1-405.
[5] 陈峰 . 美国专业图书馆协会推动开展竞争情报工作的做法及启示 [J]. 数字图书馆论坛 , 2013（5）: 55-59.
[6] 周井娟 . 广东图书馆面向中小型企业竞争情报服务研究 [D]. 广州 : 华南师范大学 , 2006, 5: 1-31.
[7] 耿哲 , 杨眉 . 面向企业科技创新的高校图书馆竞争情报服务策略 [J]. 图书馆学刊 , 2019, 41(11): 96-100.
[8] 李芳菊 , 陈峰 . 专业图书馆开展竞争情报服务的调研分析 [J]. 中国科技资源导刊 , 2017, 49(6): 28-35.
[9] 刘清 , 郭清蓉 , 郭玉强 , 等 . 学术资源整合及学科服务体系的构建 [J]. 武汉理工大学学报 (信息与管理工程版), 2010(2): 96-99.
[10] 彭俊玲 . 专门图书馆研究 [M]. 北京 : 中国书籍出版社 , 2006.
[11] 彭俊玲 . 出版产业与出版文化研究 [M]. 北京 : 印刷工业出版社 , 2008.

基于产业竞争情报理论的中国印刷业研究

6.1 竞争情报在高校学科教育及产业实践应用概论

现代竞争情报出现于20世纪50年代、发展于80年代，以1986年SCIP竞争情报从业者协会（Society of Competitive Intelligence Professionals）在美国的成立为标志，30多年来在欧美等经济发达国家的高等院校教育、研究机构、政府部门、产业、企业等领域中得到了广泛的普及和成功的应用。

SCIP战略与竞争情报协会（Strategic and Competitive Intelligence Professionals）的定义：竞争情报是一种过程，在此过程中人们用合乎职业伦理的方式收集、分析、传播有关经营环境，竞争者和组织本身的准确、相关、具体、及时、前瞻性以及可操作的情报。

20世纪90年代起中国图书情报学界开始了竞争情报的研究、应用工作，在近30年来竞争情报成为图书情报学领域的一个重要研究方向。

我国著名情报研究专家、中国竞争情报事业开创者包昌火研究员对竞争情报的定义：竞争情报是关于竞争环境、竞争对手和竞争策略的信息和研究，它既是一种过程——对竞争情报的收集和分析，又是一种产品——分析形成的情报或策略。[1]

CICI竞争情报研究院（China Institute of Competitive Intelligence）是我国竞争情报领域最主要的推动者、实践者，指出竞争情报是通过对公开信息进行深入的跟踪、分析和研究，为高层管理者提供决策支撑和预警。

进入21世纪，竞争情报理论研究进入了成熟阶段，竞争情报在中国高等院校教育、研究机构、政府部门、产业、企业的应用和实践开始普及。结合我国宏观经济运行模式以及本土产业、企业集团的发展中对情报支撑的实际需求，国内竞争情报领域相关专家学者陈峰、赵筱媛、郑彦宁、史敏、刘素华、张立超等提出了产业竞争情报（Industrial Competitive Intelligence，ICI）理论。以湖南省竞争情报中心、乌鲁木齐市科技局科技信息服务中心、CICI竞争情报研究院为代表的竞争情报研究、服务机构开展了大量的面向各省市区域的多项产业竞争情报研究和实践应用。

中国科技情报研究所陈峰研究员：产业竞争情报是竞争情报领域的分支之一，是围绕一个特定区域内特定产业整体获取竞争优势开展的竞争情报理论方法研究及其实践应用工作的总和。

中国科学院专家：产业竞争情报通过采用全球产业竞争视角，从产业全局的角度出发，对不同国家或者地区间的相同或相似产业所处的产业竞争环境的实时监测，及其对影响该产业领域发展的相关情报要素进行搜集、整理、加工、分析，在此基础上制定出相应的产业竞争战略，从而最终为该国或地区整体产业竞争力的提升而服务。

CICI竞争情报研究院提出，产业竞争情报研究应用服务应立足“科技创新情报先行”的原则，研究目标产业领域内各相关企业对信息情报的共性需要，定位于解决决策过程中对信息情报获取的难点、盲点，为政府主管部门、产业园区、创新创业者、企业主体的决策层管理层提供实时、动态的产业态势感知情报及市场技术发展趋势预测情报，为情报用户在经营活动、战略决策中所必需的信息情报提供共性化和特色化服务。同时，通过产业竞争情报研究应用服务，高效支撑产业内各企业创业创新的决策和经营活动。

中国政府、研究机构、产业、企业集团对竞争情报人才的需求，进一步推动和催化了竞争情报教育在我国高校的发展，高校竞争情报教育的主要目标就是培养和输送优秀、合格的竞争情报人才。

1995年中国科技大学开始招收竞争情报硕士研究生，同期南京大学信息管理系开设了竞争情报课程，2000年北京大学和中国科技信息研究所招收竞争情报博士研究生。截至2015年，调查统计显示我国有情报学硕士培养点的高校共60所，其中开设有竞争情报教学的高校共21所，分别是：南开大学、华东师范大学、南京大学、武汉大学、四川大学、华东理工大学、上海大学、南京理工大学、河海大学、南京农业大学、福州大学、华南师范大学、中国科学技术信息研究所、天津师范大学、河北大学、山西财经大学、山东科技大学、青岛科技大学、山东理工大学、广西民族大学、西南科技大学。

我国内地高校竞争情报课程的开设以图书情报类和信息管理类院系为主。经过多年的努力和发展，中国高等院校中已经形成了本科、硕士和博士多层次的竞争情报教育体系。

在中国台湾综合排名前21的高校，其中有14所大学共开设有53门竞争情报相关课程，分别是：台湾大学、台湾清华大学、台湾交通大学、台湾科技大学、台湾成功大学、台湾师范大学、台湾中山大学、长庚大学、逢甲大学、中原大学、台湾中兴大学、亚洲大学、台北科技大学、元智大学等。其中，竞争情报类课程中有43门课程开设在管理学院，其余10门课程较平均地分布在商学院、科技与工程学院、工学院、电机资讯学院、电机信息学院、电机通讯学院、音乐学院、医学暨健康学院、生物资源暨农学院等。

竞争情报在欧美等西方发达国家经过30多年的发展和实践应用，竞争情报已成为政府、产业、大型企业集团的专业常设部门和重要的职业岗位。美国、法国、德国、瑞典等国家的多所高等院校，开设了竞争情报相关的课程、专业证书获取和正式学位授予教育项目。

美国军事大学、多米尼加大学、约翰霍普金斯大学、摩西赫斯特大学、罗伯特莫里斯大学、西蒙斯学院、詹姆斯麦迪逊大学、马里兰大学、法国马赛第三大学等，开设有正式的竞争情报硕士、博士学位教育项目，旨在培养竞争情报类高级职业人才，以满足社会及业界对竞争情报类专门人员的需求。其中詹姆斯麦迪逊大学和莫西赫斯特大学提供四年制的本科学士教育，而其他大多数学校提供两年制的硕士或在职硕士教育。

美国匹兹堡大学、波士顿大学、杨百翰大学、加州理工学院、张伯伦学院、哈佛大学、夏威夷太平洋大学、爱达荷州立大学、印第安纳大学、肯特州立大学、罗格斯大学、雷鸟大学、加州大学洛杉矶分校、中央密苏里大学、哈特福德大学、得克萨斯大学奥斯汀分校、马里兰大学、纽约大学等大学开设有竞争情报相关的课程，更多的欧美大学提供竞争情报课程作为选修课。

欧美国家高校竞争情报课程的开设以商学院为主，图书情报和信息科学类院系为辅。欧美高校的竞争情报研究者、教育者群体也成为SCIP战略与竞争情报协会会员的重要组成部分，是竞争情报理论方法体系的主要创新和变革力量。

6.2 竞争情报在全球政府产业企业领域的应用

《国务院关于加快科技服务业发展的若干意见》明确指出：支持发展竞争情报分析等信息服务，到2020年重点培育一批拥有知名品牌的科技服务机构和龙头企业。国务院从国家层面首次对竞争情报服务的发展和工作作出重要战略部署，这是我国从政府层面明确提及“竞争情报”的文件。

法国是中央集权国家，从行政区划上分为大区、省和市镇，目前有13个大区、96个省，法国中央政府由总统府、总理府及总理直属机构、内阁（下辖各中央部门）组成。竞争情报在法语中为l'intelligence économique（经济情报），法国官员学者官方采用对应的英文为Competitive Intelligence（竞争情报）。

20世纪90年代起在法国政界、产业界、研究界的多方呼吁下，竞争情报在法国得到了中央政府部门的高度重视：2003年至2009年5月，总理府下设法国竞争情报高级负责人（HRIE）负责协调政府和企业的竞争情报工作；2009年9月至2016年1月总统府下设法国竞争情报部际代表（DIIE）负责协调各部委推进竞争情报在产业竞争力集群及中小企业的应用；2006年起在法国政府经济财政及工业部下设竞争情报协调司（SCIE）为竞争力集群、企业提供情报服务及竞争情报培训。

2016年1月27日起法国政府对竞争情报部际代表（DIIE）与竞争情报协调司（SCIE）的职能统一归并到战略信息与经济安全司（ISSE），竞争情报部际前代表（DIIE）Jean Baptiste Carpentier先生继续担任战略信息与经济安全专员（CISSE）一职，领导分布在全国的22个战略信息与经济安全代表（DISSE）为政府、产业竞争力集群和企业提供竞争情报服务。

面对全球激烈的竞争环境，竞争情报成为各国产业、企业实时监测和掌握国际、国内行业和竞争对手的市场情报、技术情报、国际贸易情报，赢取国际商战的有力武器。

在中国，竞争情报已深入影响着中国政府、产业园区以及汽车、钢铁、家电、医药、房地产、电信、航空航天、石油化工、服装纺织、金融、IT互联网、电子商务等产业领域的企业集团，每天大型机构、重点企业集团公开发布的竞争情报相关招聘需求达上百个，超过5000家的中国行业领先企业通过项目咨询、技术合作、人员培训等多种形式与CICI竞争情报研究院开展紧密合作。

近年来，上海汽车集团、中国宝武集团、华为技术有限公司、中兴通讯、上海飞机制造有限公司、中国电信集团、乌鲁木齐科技信息服务中心为代表的数千家中国产业行业领先企业和信息服务机构成功地开展了产业竞争情报、企业竞争情报的应用服务工作，积累了非常成熟和丰富的多层次的竞争情报实践经验。同时，也对大数据时代中国高校的竞争情报教育提出了紧迫的人才培养需求。

世界500强企业集团中，95%以上的欧美企业集团都建设有十分完善的竞争情报部门，以HP惠普、IBM、DELL戴尔、Merck美国默克、PSA标致雪铁龙集团、米其林、飞利浦等为代表的各产业领域的大型领先企业通过分布在全球各地的竞争情报团队，运用成熟的竞争情报方法和技能为企业集团的决策运营提供精准的竞争情报支撑。其中以典型ITC领域企业Dell戴尔为例，竞争情报团队在竞争情报总监Jay Nakagawa先生的领导下，通过对分布在全球的55个竞争对手进行实时监测、分析，利用竞争情报分析、大数据分析及数据可视化等前沿技术，为企业高层管理者提供着先进的前瞻性战略洞察，成为欧美企业竞争情报应用的典范。

全球印刷业巨头当纳利（RR Donnelley），是北美最大的跨国印刷企业集团，总部位于美国芝加哥，在拆分前曾连续多年年销售额超过100亿美元，近年长期蝉联北美印刷企业排行榜第一名。当纳利在其位于美国、印度、中国等的多家分公司中，均建有市场和竞争情报（market and competitive intelligence）职责的团队及专职人员岗位。从2000年至今，当纳利通过其分布在全球的竞争情报网络，为美国总部和欧洲公司的市场战略决策长期提供专业的市场和竞争情报服务，主要的情报研究范围和服务包括：宏观经济分析、产业研究报告、国别情报研究分析、市场规模和评估研究以及竞争对手跟踪分析等。

6.3 基于竞争情报理论的中国印刷产业研究体系构建

我们以国内主要省市的印刷产业的产业链上中下游市场、产业园区、重点企业集团为研究目标，依据包昌火研究员提出的我国情报研究工作的程序，按照课题选择、情报搜集、信息整序、科学抽象、成果表达和成果评价等六大标准的工作步骤为指导，设计中国印刷产业研究的总体框架。

中国印刷产业研究的总体框架共分为三层，分别划分为：

(1) 以竞争情报源的规划、组织和评估等组成的研究框架的基础层；

(2) 以竞争情报采集方法、竞争情报分析方法与大数据分析等组成研究框架的技能方法层；

(3) 以产业宏观竞争环境分析、产业态势大数据情报分析、产业进出口情报分析、产业科研情报分析、重点企业竞争情报分析等五个维度，组成了研究框架的成果表达层，输出和呈现课题团队对中国印刷产业研究的阶段性分析成果和结论。

1. 中国印刷产业研究总体框架

中国印刷产业研究总体框架如图 6-1 所示。

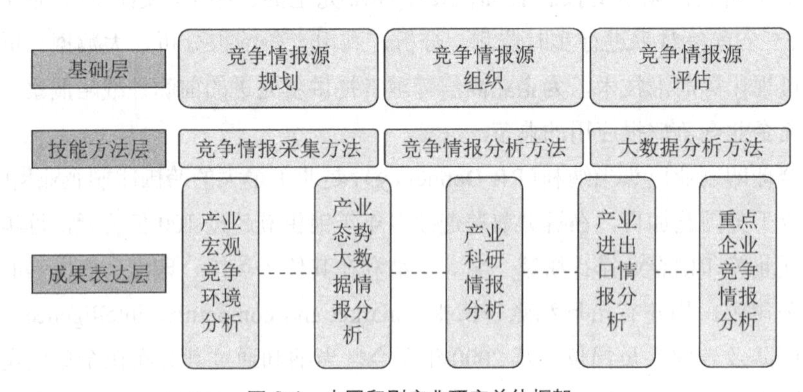

图 6-1　中国印刷产业研究总体框架

2. 宏观竞争环境研究框架

产业宏观竞争环境研究，是指通过对影响产业发展的主要宏观因素的识别、监测和分析，预测和发现产业未来潜在的发展机会和风险预警，对政府主管部门、产业园区和大型企业集团等，在其宏观产业政策的制定和中长期战略发展规划的制定等决策活动中，提供了有效的情报支撑。

宏观竞争环境监测和分析，是产业竞争情报研究的重要组成部分。长期以来，日本贸易振兴会（JETRO）和以野村综合研究所（NRI）、三菱综合研究所（MRI）、三井物产株式会社（MGSSI）等为代表的日本综合商社情报机构，面向国际重点国家地区的重点目标产业领域，开展了大量的宏观竞争环境监测和情报分析活动，通过获取的产业竞争情报，实现了从情报到决策的高效连接，提升了决策的前瞻性和市场敏锐度，已成为日本在战败后经济二次崛起和迅猛起飞的秘诀。

本课题研究中，研究团队通过对影响中国印刷产业的外部宏观因素的扫描和识别，选取了产业政策法规变化的监测和分析、国际国内市场竞争和产品趋势的监测和分析、产业技术领域发展趋势的监测和分析等三个维度，进行对中国印刷产业宏观竞争环境的分析研究，见图 6-2。

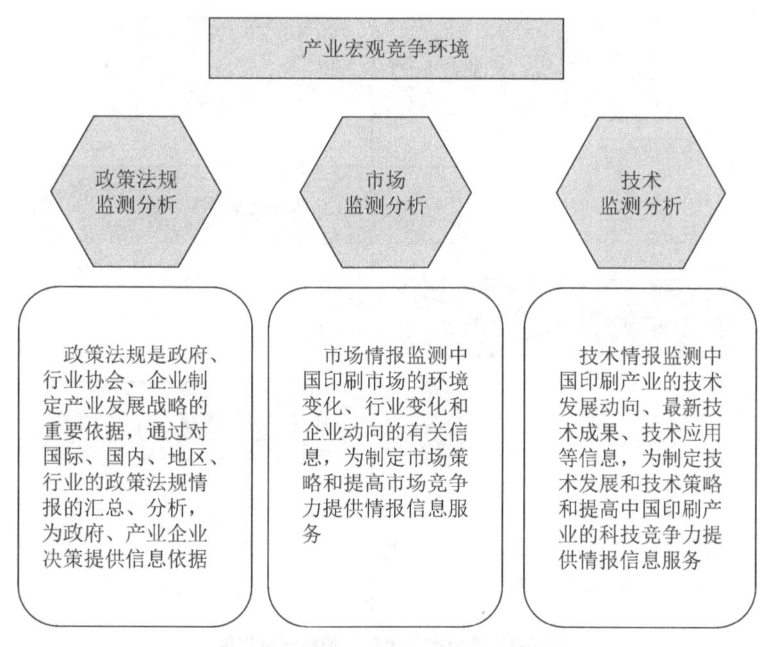

图 6-2　产业宏观竞争环境研究框架

3. 产业态势大数据情报研究框架

产业态势大数据情报研究，是指通过对中国印刷产业的发展程度和国内分布的数据分析，呈现产业聚集的现状、区域发展情况、产业运营状况等，为政府产业主管部门、产业园区制定不同区域的产业发展战略和规划提供依据；印刷产业的上中下游的企业集团，可进一步明晰自身在区域市场、全国市场中所处的位置、地位，为制定出切实可行的发展目标和市场拓展策略，提供了精准的数据支撑。

本课题研究中，研究团队采用国家市场监督管理总局、国家统计局、国家新闻出版署的数据库，运用大数据分析挖掘技术的统计技术、关联规则技术等，对数据进行分类合并和数据融合，实现数据的多维度分析、精细化的统计及可视化展现。从印刷产业的总体规模、市场规模、营业收入、产业利润、产业纳税、规模以上企业经济效益、所有制结构组成、企业区域聚集度、潜力企业发展状况、人员规模等多个维度进行印刷业数据挖掘分析，进行印刷产业态势情报的分析研究，见图 6-3。

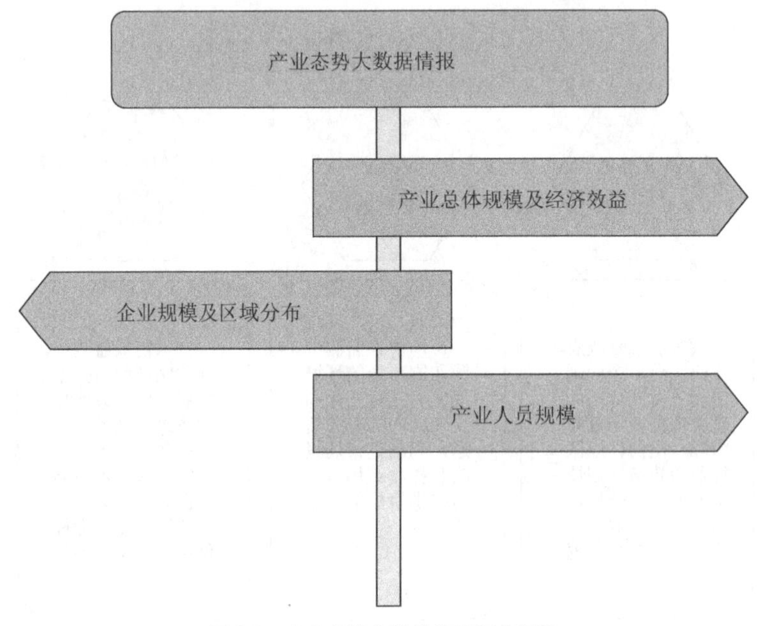

图 6-3　产业态势大数据情报研究框架

4. 产业科研情报研究框架

产业科研情报研究，是指通过对印刷产业的专利文献情报和学科文献情报的研究，为产业企业的科学研究、技术创新等方面的战略决策和战术选择，提供支撑服务。本课题研究中，研究团队选取了国家知识产权局专利检索数据库和中国知网（CNKI）数据库收录的科研论文数据，开展了印刷产业科研情报的分析研究，见图 6-4。

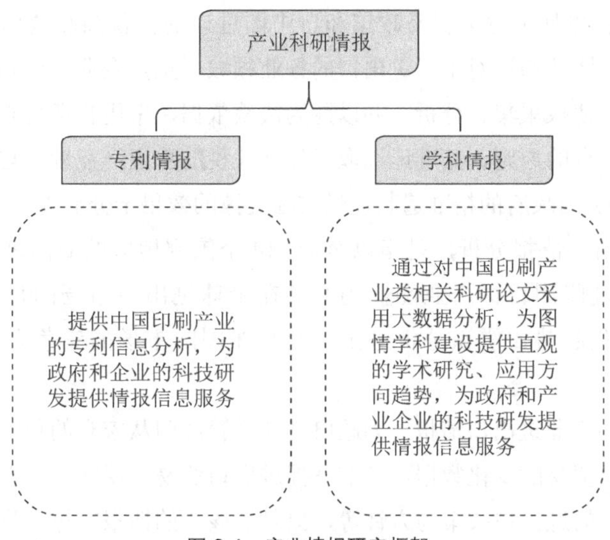

图 6-4　产业情报研究框架

专利情报研究以专利说明书、专利公报等专利信息源为主要分析对象，通过对专利号、发明人、专利权人、专利申请日期、专利批准日期、专利有效期、技术的主要功能和原理、质量检测证明等相关内容的综合分析，来获取产业技术研发方向、技术研究热点以及技术竞争态势等方面的情报。

科研情报研究以科研论文为主要分析对象，通过对科研论文数量规模、科研院所机构、科研领域、科研文献来源、主要科研机构和科研基金类型等进行分析，为印刷业的高校及科研机构跟踪产业前沿性技术发展方向、前瞻性地制定科研发展规划、更加科学地制定学科体系建设，以及开展科研成果转化及科研服务，提供有效的支持。

5. 产业进出口情报研究框架

2018 年起美国发动了以遏制中国持续崛起为核心目标的对华贸易战，并依据《1974 年贸易法案》301 条款，正式启动对中国输美 500 亿美元商品加征关税，按照时间顺序，被美国加征关税的中国出口商品价值分别是“清单一”340 亿美元、“清单二”160 亿美元、“清单三”2000 亿美元和“清单四”3000 亿美元，其对应加征关税额分别为 25%、25%、25% 和 15%；2021 年 10 月美国贸易代表戴琪（Katherine Tai）明确表示将延续特朗普政府对华贸易政策和进出口商品的关税政策。

美国政府在制定对华贸易政策和自中国进口的征税商品清单的过程中，依靠情报专家团队通过对中国进出口的行业领域、重点企业、核心商品等进行了大量的信息情报采集、分析，并以此为决策依据，采用长期战略遏制与短期战术遏制相结合的原则，精准地选取了加征关税的重点产业领域与重点商品的HS代码，为美国政府的精准遏制提供实际支撑的效果十分显著。

产业进出口情报分析，是指以全球214个国家地区的商品进出口大数据为基础，通过监测目标产业涵盖的商品在全球进出口市场的月度、季度、年度总体变化趋势，辨识分析进出口商品在国际市场的竞争力和潜在市场区域。

全球印刷产业进出口情报，为政府产业主管部门从宏观的角度了解国际印刷业主要产品贸易的变化数据，精准掌握进出口贸易的现状、动态以及趋势，从而制定相应的进出口政策与方针等，提供了核心的情报支撑。我国印刷产业进出口企业通过进出口情报分析，可实时掌握主要目标国印刷品进出口市场的动态变化，精准锁定目标客户和竞争对手的进出口价格、交易次数、货运等关键情报。

我们依据世界海关组织《商品名称及编码协调制度的国际公约》（*International Convention for Harmonized Commodity Description and Coding System*）、中国海关总署《中华人民共和国进出口税则（2020）》及2021年9月《中华人民共和国海关进出口货物商品归类管理规定》中关于海关进出口商品名称与编码（HSCODE），目录分类中的第49章印刷品为研究对象，包含：HS4901书籍、小册子、散页印刷品及类似印刷品，不论是否单张；HS4902报纸、杂志及期刊，不论有无插图或广告材料；HS4903儿童图画书、绘画或涂色书；HS4904乐谱原稿或印本，不论是否装订或印有插图；HS4905印刷的地图及类似图表等。

本课题研究，采用联合国统计署的联合国商品贸易统计数据库（UN Comtrade）、中国海关总署进出口统计数据库，从全球印刷产业印刷品进口规模和进口来源分析、全球印刷产业印刷品出口规模和出口来源分析、中国印刷产业印刷品进口规模和进口来源分析、中国印刷产业印刷品出口规模和出口来源分析、中国印刷产业印刷品进口规模和进口省市分析、中国印刷产业印刷品出口规模和出口省市分析等6个维度，对印刷产业进出口情报进行分析研究。产业进出口情报研究框架见图6-5。

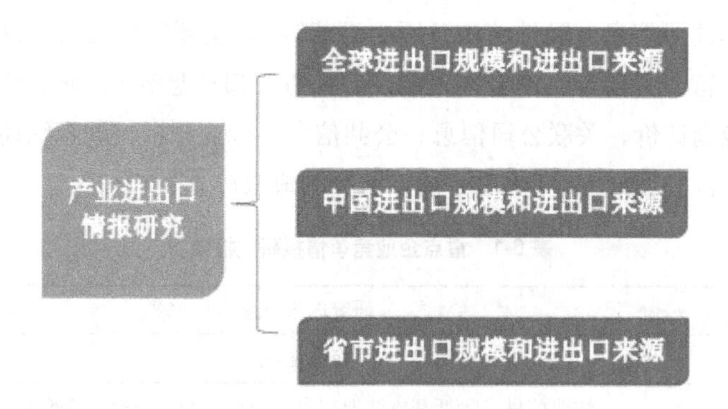

图 6-5　产业进出口情报研究框架

6. 重点企业竞争情报研究框架

从基于竞争情报理论的中国印刷产业研究的范畴出发，竞争对手是指在印刷产业领域中，与本企业集团有着相同或相似的战略目标、市场规模、产品类别和技术研发、用户群体和销售渠道等评估指标和特征，可能或已经对本企业的生产经营和市场营销产生最直接的威胁冲突和激烈竞争的现有或潜在的企业组织。

竞争对手分析，是产业竞争情报研究中采用的最重要的方法和核心内容组成部分。1996 年美国西北大学教授菲利普 • 科特勒（Philip Kotler）博士等提出竞争对手分析的主要步骤为：识别公司的主要竞争对手，了解和确定竞争对手的目标，识别竞争对手的战略，评估竞争对手的实力强弱，估计竞争对手所做出的反应，选择对竞争对手采取攻击或规避的策略。

在现实的实践中，通常综合采用开源情报研究、实地采访、逆向工程分解、现场参观、定期拜访约谈竞争对手的主要供应商和关键客户、聘请竞争对手的前雇员提供内部信息、支付第三方情报团队专题咨询费等多种形式和方法，来实施开展竞争对手的情报研究工作。

通过长期监测、搜集和分析竞争对手的企业基本情况、财务状况、生产运营、产品和营销、技术研发、核心高管、人力资源等多个大类的细分信息情报，可有效地制定出最符合自身利益的战略和战术对策，全面提升本企业的竞争力和竞争优势地位。

我们依据 CICI 竞争情报研究院所掌握的合规合法的开源信息数据、情报源，选取印刷企业作为竞争对手情报研究的样本对象，从企业概况、注册信息

（包括基本注册信息、股份结构及历史沿革等）、主要管理人员信息、经营信息（包括主营业务信息、销售、采购及海关进出口信息等）、财务信息、银行信息、供应商评价、关联公司信息、公共信息、行业分析、调查综述、违约率等 12 个维度，展示企业竞争对手情报研究的成果，见表 6-1。

表 6-1　重点企业竞争情报研究框架

序号	研究内容维度
1	企业概况
2	注册信息（包括基本注册信息、股份结构及历史沿革等）
3	主要管理人员信息
4	经营信息（包括主营业务信息、销售、采购及海关进出口信息等）
5	财务信息
6	银行信息
7	供应商评价
8	关联公司信息
9	公共信息
10	行业分析
11	调查综述
12	违约率

7. 基于竞争情报的中国印刷产业研究方法

竞争情报是用合法和道德的手段，通过长期系统地跟踪、收集、分析和处理各种可能对政府、产业、企业发展和决策及运行产生影响的信息，最终提炼出帮助本国产业、企业在市场竞争中获得竞争优势的关键情报。

产业竞争情报研究帮助政府、产业、企业各相关职能部门的高层管理者，在开展战略规划、投资与购并、研究与发展、市场营销等重大经营活动，具备在信息充分的条件下制定高效、精准的决策的优势。

产业竞争情报源是产生产业竞争情报的源头，是竞争情报的发送端和生成端；产业竞争情报源的质量对于整个竞争情报工作显得尤为重要，是产业竞争情报工作成功的基础。

我们以全球印刷产业核心国家及国内各省市的印刷产业上中下游全产业

链数据为对象，主要信息源包括：全球各国印刷业相关商协会和行业组织、行业管理研究机构、主管部门官方网站、专业媒体研究和研发机构、重点企业、全国所有微信公众号、国内采购招标网、技术专利、科技文献论文等多种类型的数据，因此数据源多、数据量大，需要采集、整理不同语种、格式的数据类型及文件类型。

本课题研究中，印刷产业竞争情报源的20种主要信息源如表6-2所示。研究团队使用了智能情报采集技术，充分支持对20种主要信息源的采集，数据采集渠道包括但不限于基于Internet的信息源（新闻、论坛、微信、官网等）、专业数据库信息源（期刊、电子报、专利等）及人工上传、录入等多种方式。

表6-2 印刷产业竞争情报源的20种主要信息源

序号	信息源分类
1	报纸和专业杂志
2	行业协会出版物
3	产业研究报告
4	政府各管理机构对外公开的档案（如工商企业注册登记通告、上市公司业绩报告、专刊、工业标准等）
5	政府出版物（如统计资料、政府工作报告、各类白皮书）
6	数据库
7	工商企业名录
8	产品样本、手册
9	信用调查广告
10	企业招聘广告
11	企业内部各职能部门员工
12	经销商
13	供货商
14	行业会议
15	行业主管部门
16	展览会
17	客户
18	竞争对手
19	反求工程
20	专业调查咨询机构

信息整序和分类工作，是对20种信息源获取来的信息进行初步选择和整理，以便于研究的形式管理和存储起来，基本做法是按照信息的内容和形式通过分类处理实现管理的有序化。

本课题研究中，研究团队按照情报浓缩、数据整理、图表分类、信息存储方法对产业竞争情报源进行整序和分类，划分为国际产业动态情报、市场情报、技术情报、政策法规、进出口情报、科研情报等多个维度，详细分类如表6-3所示。

表6-3 产业竞争情报源的整序和分类

序号	竞争情报源分类	对应信息源/选取路径
1	国际产业动态情报	国际/国内重点企业官网
		国际行业协会和行业组织
		国内行业协会和行业组织
		国际行业研究机构
		国际专业媒体平台
		国内专业媒体平台
		主管政府部门官网
		互联网行业网站
		产业微信公众号
		第三方专业机构
2	市场情报	国际专业财经类网站
		国内专业财经类网站
		国家统计局官网
		各省市统计局官网
		核算研究会官网
		中国投入产出学会
		主管政府部门官网
		互联网行业网站
		产业微信公众号
		国际/国内重点企业官网
		招投标网站
		产业微信公众号
		第三方专业机构

续表

序号	竞争情报源分类	对应信息源 / 选取路径
3	技术情报	国际 / 国内产业的重点实验室
		国际 / 国内产业技术研究所
		国内产业技术研究院
		国际行业协会和行业组织
		国内行业协会和行业组织
		国际行业研究机构
		互联网行业网站
		国际专业媒体平台
		国内专业媒体平台
		国际 / 国内技术研究中心
		产业微信公众号
		第三方专业机构
4	政策 / 法规	国际行业标准技术委员会
		国内行业标准委员会
		北京鉴衡认证中心（CGC）
		国家新闻出版署
		中国印刷技术协会
		中国印刷及设备器材工业协会
		中国包装联合会
		各级主管政府部门官网
		国家标准局
		各省份发展和改革委员会
		产业重点企业官网
		国际行业协会和行业组织
		国内行业协会和行业组织
		国内主要产业园区官网
		第三方专业机构
5	进出口情报	中华人民共和国海关总署
		各直属海关网站
		海关总署分属和司局子站官网

续表

序号	竞争情报源分类	对应信息源 / 选取路径
5	进出口情报	世界海关组织
		口岸协会
		报关协会
		保税区出口加工区协会
		第三方专业机构
		国家商务部官网
6	科研情报	万方数据库
		维普数据库
		国家专利数据库

6.4 中国印刷产业竞争环境分析

印刷产业是国民经济的重要支柱产业之一，在世界各国经济总量中的占比较高。随着数字媒体的快速发展和进一步普及，印刷业中最大的文化出版印刷市场受消费者阅读习惯和阅读模式的改变，印刷出版业总量持续萎缩，全球印刷业市场进一步向包装市场和商业印刷转型。

2020 年以来，受全球新冠肺炎疫情的持续蔓延和不间断暴发的影响，各国政府采取了不同程度上的“管控”及居家隔离办公等防疫措施；“管控”措施造成了全球性商业活动的停摆，许多常规的商业印刷、影像及商务印刷等细分领域的业务订单被取消，居家隔离措施导致杂志和报纸销量急剧下降。

根据全球印刷产业情报研究机构史密瑟斯·皮拉（Smithers Pira）最新的报告《2026 年全球印刷业的未来》（*The Future of Global Printing to 2026*）数据显示：2020 年全球印刷业总产值为 7500 亿美元，同比减少 12.3%。预计，2021 年全球印刷业总产值为 7606 亿美元，同比增长 1.41%；未来五年，随着各国经济在疫后的逐渐复苏、民众消费能力和需求的进一步提升，印刷产业将继续呈稳定的增长趋势，预计到 2026 年印刷业总产值达 8343 亿美元，年均复合增长率为 1.9%。

2020 年中国印刷产业总产值为 1.38 万亿元，其中包装印刷和新型印刷等领域保持较快发展；在国际进出口市场中，对外加工类出口贸易稳步增长、出口金额持续扩大。预计 2025 年年底中国印刷业总产值将超过 1.44 万亿元人民币，年均复合增长率为 0.6%。

2021 年英国印刷工业联合会（British Printing Industries Federation，BPIF）行业数据报告显示，目前，中国印刷产业整体规模上继续保持全球第二印刷大国的领先地位，仅次于排名第一的美国，排名第三到第六的国家分别为日本、德国、印度、英国等。其中，美国、日本、德国、英国等国家的印刷产业的集约化程度较高，我国印刷产业依然存在着“小、散、同、特”等明显的劣势，在全球印刷产业的竞争中表现为大而不强；与北美、欧洲等印刷业企业集团相较，缺少具有全球竞争力的国际化的龙头企业。

2021 年 7 月《印刷经理人》杂志发布的“2021 中国印刷包装企业 100 强”，2020 年中国印刷包装企业 100 强总销售收入为 1394.95 亿元，同比增长 1.43%；排名前 10 强的企业的总销售收入为 547.5 亿元，同比增长 10.03%；前 10 强企业依次为厦门合兴包装印刷股份有限公司、深圳市裕同包装科技股份有限公司、杭州顶正包材有限公司、上海紫江企业集团股份有限公司、厦门吉宏科技股份有限公司、云南恩捷新材料股份有限公司、美盈森集团股份有限公司、四川省宜宾丽彩集团有限公司、四川省宜宾普什集团 3D 有限公司、汕头东风印刷股份有限公司等。其中，厦门合兴包装印刷股份有限公司以销售收入 120.06 亿元位居榜首，同比增长 12%。

2021 年 1 月 *Printing Impressions* 杂志公布的“北美印刷企业 350 强”排行榜，2020 年北美最具影响力的前 350 强印刷企业中，排名前 10 位的企业总销售收入为 220 亿美元，其中排名第一的跨国印刷企业集团当纳利（RR Donnelley），销售额为 55 亿美元，同比下降 3%，在其被拆分之前的连续数年销售额曾一度保持在 100 亿美元以上的规模。

从 2020 年北美与中国前 10 大印刷企业的销售额维度进行对标分析，可见，尽管中国印刷业已经涌现出一批具有一定规模和品牌知名度的企业集团，但是与国际知名企业集团相较，在规模、效益、核心竞争力等方面仍然存在较大差距，“大的不强、小的不精”的问题依然突出，见表 6-4。

未来五年，中国印刷产业亟须加快对接产融、壮大龙头，通过对标国际印刷强国，从多个细分的技术研发和应用创新的指标维度入手，全面提升在国际市场上的竞争力，尽快实现由印刷大国向印刷强国跨越的重要转变。

表 6-4　2020 年北美与中国前 10 大印刷企业销售额对比

排名	中国		北美	
	企业名称	年销售额 / 亿元	企业名称	年销售额 / 亿美元
1	厦门合兴包装印刷股份有限公司	120.1	RR Donnelley	55.00
2	深圳市裕同包装科技股份有限公司	117.9	Quad	39.20
3	杭州顶正包材有限公司	48.6	LSC Communications	28.40
4	上海紫江企业集团股份有限公司	46.9	Taylor Corp.	25.00
5	厦门吉宏科技股份有限公司	44.1	Cimpress	24.80
6	云南恩捷新材料股份有限公司	42.1	Transcontinental Inc.	22.80
7	美盈森集团股份有限公司	33.7	Cenveo Enterprises	10.00
8	四川省宜宾丽彩集团有限公司	32.5	Donnelley Financial Solutions	8.74
9	四川省宜宾普什集团 3D 有限公司	31.1	CJK Group	6.64
10	汕头东风印刷股份有限公司	30.5	Mondi North America	6.50

资料来源：《印刷经理人》杂志、*Printing Impressions* 杂志

6.5　中国印刷产业政策情报分析

1. 行业主管部门

中国印刷产业采取行政管理与行业自律相结合的监管体制，中共中央宣传部是我国印刷业的主管部门，中国印刷技术协会、中国印刷及设备器材工业协会和中国包装联合会等是我国印刷业的自律性组织，见表 6-5。

表 6-5　印刷业主管部门及职能

主管部门	具体情况
中共中央宣传部	根据《深化党和国家机构改革方案》，国家新闻出版广电总局的新闻出版管理职责划入中央宣传部。中央宣传部对外加挂国家新闻出版署（国家版权局）牌子，履行监督管理印刷业的职责
中国印刷技术协会	主要负责行业调查、行业统计、价格协调、信用证明、参与行业发展规划制定、拓展国际印刷交流与合作等工作

续表

主管部门	具体情况
中国印刷及设备器材工业协会	主要负责开展行业基本情况的调查研究和资料的搜集整理与发布工作、组织制定行业的技术、质量标准及行规、行约等工作
中国包装联合会	主要负责协助国务院有关部门全面开展包装行业管理和指导工作、制定行业发展规划、开展行业调查与统计分析、组织与修订国家行业标准等工作

2. 主要产业政策

中国印刷业有着非常严格的政策准入限制，各级相关政府出台了一系列政策、规范和标准。印刷企业首先需要具备各级新闻出版（版权）局许可颁发的《印刷经营许可证》，印刷出版物需要向行业行政主管部门申请《内部资料性出版物准印证》，印刷票据企业需要具备国家保密局颁发的《国家秘密载体印制资质证书》等。

目前，中国印刷业对外商投资实行有限的准入政策，外资不得控股出版物印刷企业（自由贸易试验区除外），以及进入涉密印刷领域。

本课题研究团队，通过整理和分析了有助于推动印刷企业的技术发展、工艺标准、绿色环保、信息化进程、品牌建设等方面的政策规范，对依法依规强化监管，促进产业转型升级，规范印刷业市场竞争，引导印刷企业健康、良好、有序地发展等起到政策参考的作用，见表 6-6。

表 6-6　中国印刷产业主要政策

时间	部门	名称	内容解读
2021 年 6 月	国务院	《关于深化“证照分离”改革进一步激发市场主体发展活力的通知》	2021 年 7 月 1 日起，在全国范围内实施涉企经营许可事项全覆盖清单管理，按照直接取消审批、审批改为备案、实行告知承诺、优化审批服务四种方式分类推进审批制度改革。全国印刷企业可按照告知承诺办理《印刷经营许可证》
2021 年 2 月	国家保密局、国家工商行政管理总局、国家新闻出版总署	《国家秘密载体印制资质管理办法》	根据最新《办法》，从事涉密印制业务的企事业单位应当依照《办法》取得涉密印制资质。申请涉密文件资料、涉密光电磁介质、涉密档案数字化加工资质的单位不得有外国投资者投资

续表

时间	部门	名称	内容解读
2020 年 11 月	国家新闻出版署	《绿色印刷材料胶印橡皮布》	是国内首个绿色印刷材料行业标准。新标准立足中国印刷业科学、绿色发展，对印刷材料技术应用、环保控制、产品检测等方面提供支持指导，为建立绿色印刷标准体系起到了促进作用
2019 年 12 月	人力资源和社会保障部	《关于颁布工业固体废物处理处置工等 24 个国家职业技能标准的通知》	涉及印刷业的有印前处理和制作员、印刷操作员、印后制作员 3 个国家职业技能标准，“新标”涉及印刷行业的 3 类职业 14 个主要工种，基本覆盖了实现工业化生产的印刷类主要工种。这是印刷业监督管理职能划入中宣部和国家职业资格制度改革以来，印刷领域正式颁布的第一批国家职业技能标准
2019 年 11 月	国家发展和改革委员会	《产业结构调整指导目录（2019 年本）》	对印刷包装造纸行业的条目进行了改动，一定程度上对印刷包装造纸行业进行了规范，即明确了企业发展的方向，要朝着规模化、集约化发展
2019 年 9 月	国家新闻出版、国家发展改革委、工业和信息化部、生态环境部、国家市场监督管理总局	《关于推进印刷业绿色化发展的意见》	将推动完善印刷业绿色化发展的体制机制，推动建设京津冀印刷业协同发展先行区，推动建设长三角区域印刷业一体化发展创新高地和珠三角印刷业深化开放连接平台，推动数字印刷新动能加快发展，推动完善印刷业绿色化发展的标准和技术支撑，推动印刷业绿色化发展重大项目的实施和协同，推动成立中国印刷业创新基金。意见的公布将对我国印刷业绿色化发展具有重要的引领作用
2019 年 8 月	生态环境部	《关于加强重污染天气应对夯实应急减排措施的指导意见》	对钢铁、焦化、铸造、玻璃、石化等 15 个行业明确了绩效分级指标以及差异化应急减排措施，原则上，被列为 A 级的企业在重污染期间不作为减排重点，并减少监督检查频次。这与以往限产政策相比，尚属首次。据悉，15 个绩效分级管控行业包括长流程钢铁、铜冶炼、炼油与石油化工、焦化、陶瓷、制药、氧化铝、玻璃、农药、电解铝、石灰窑、涂料、炭素、铸造、油墨。可见，只有相关的油墨行业被列为绩效分级管控行业，包装印刷并未在其中，属于未绩效分级管控行业，尚不属于分级管理标准之类，还需严格遵守减排及相关预警方案

续表

时间	部门	名称	内容解读
2019年6月	生态环境部、国家市场监督管理总局	《挥发性有机物无组织排放控制标准》（GB 37822—2019）	是首次发布的国家标准，新建企业自2019年7月1日起，现有企业自2020年7月1日起，VOCs无组织排放控制按照本标准的规定执行。各地可根据当地环境保护需求和经济与技术条件，由省级人民政府批准提前实施本标准。本标准规定了VOCs物料储存无组织排放控制要求、VOCs物料转移和输送无组织排放控制要求、工艺过程VOCs无组织排放控制要求、设备与管线组件VOCs泄漏控制要求、敞开液面VOCs无组织排放控制要求，以及VOCs无组织排放废气收集处理系统要求、企业厂区内及周边污染监控要求
2019年6月	国家发展改革委、商务部	《鼓励外商投资产业目录(2019年版)》	对鼓励外商投资的包装印刷专用设备、前去中西部地区投资的省市有了明确规定。多个印刷包装类产业被列入全国鼓励外商投资产业目录，山西省、安徽省、江西省等6个省份被鼓励发展包装印刷产业
2018年12月	工业和信息化部	《产业转移指导目录（2018年本）》	该目录不仅指出了西部、东北、中部、东部四大地区的工业发展导向，还公布了其优先承接发展的产业与引导优化调整的产业。其中，近70个地区被要求优先承接发展造纸、包装产业，十多个地区被要求引导优化调整造纸、包装产业
2017年4月	国家新闻出版广电总局	《印刷业“十三五”时期发展规划》	“十三五”期间，我国印刷业产业规模与国民经济发展基本同步，实现持续扩大，到“十三五”期末，印刷业总产值超过1.4万亿元，位居世界前列。 数字印刷、包装印刷和新型印刷等领域保持较快发展，印刷对外加工贸易额稳步增长；推动包装印刷向创意设计、个性定制、环保应用转型，支持胶印、网印、柔印等印刷方式与数字技术融合发展。纸包装印刷行业的国家政策为本行业发展提供有力支持
2016年12月	中国包装联合会	《中国包装工业发展规划（2016—2020年）》	提出了建设包装强国的战略任务，坚持自主创新，突破关键技术，全面推进绿色包装、安全包装、智能包装一体化发展，有效提升包装制品、包装装备、包装印刷的关键领域的综合竞争力

续表

时间	部门	名称	内容解读
2016年12月	工业和信息化部、商务部	《关于加快我国包装产业转型发展的指导意见》	将包装定位为服务型制造业；围绕绿色包装、安全包装、智能包装、标准包装，构建产业技术创新体系；确保产业保持中高速增长的同时提升集聚发展能力和品牌培育能力；加大研发投入，提升关键技术的自主突破能力和国际竞争力；提高产业的信息化、自动化和智能化水平。 同时，要摆脱包装产业的高消耗与高能耗，建立和形成绿色生产体系；引领军民融合包装技术核心能力聚集，提升遂行多样化军事任务的防护包装保障水平；优化产业标准体系，以包装标准化带动物流供应链的标准化，增强标准管理水平和国际对标率
2016年7月	工业和信息化部、财政部	《重点行业挥发性有机物削减计划通知》（简称《计划》）	《计划》目标要求，到2018年将工业行业VOCs排放量比2015年削减330万吨。 《计划》筛选了含油墨、黏合剂、包装印刷、石油化工、涂料等在内的11个行业作为加快VOCs削减、提升绿色化制造水平的重点行业。 《计划》明确提出，包装印刷行业要实施工艺技术改造工程，推广应用低（无）VOCs含量的绿色油墨、上光油、润版液、清洗剂、胶黏剂、稀释剂等原辅材料；鼓励采用柔版印刷工艺和无溶剂复合工艺，逐步减少凹版印刷工艺、干式复合工艺
2015年5月	国务院	《中国制造2025》	纲领提出加快制造业绿色改造升级，全面推进钢铁、有色、化工、建材、轻工、印染等传统制造业绿色改造，大力研发推广绿色工艺技术装备，实现绿色生产；加快推动新一代信息技术与制造技术融合发展，把智能制造作为工业化和信息化深度融合的主攻方向。 要着力发展智能装备和智能产品，推进生产过程智能化，培育新型生产方式，全面提升企业研发、生产、管理和服务的智能化水平。未来随着智能制造的不断普及，智能包装印刷将成为行业未来的发展方向

续表

时间	部门	名称	内容解读
2014年12月	商务部、环境保护部、工业和信息化部	《企业绿色采购指南（试行）》	鼓励企业完善采购流程，主动参与供应商的产品研发、制造过程，引导供应商通过价值分析等方法减少各种原辅和包装材料用量、用更环保的材料替代、避免或者减少环境污染； 鼓励企业要求供应商供应产品或原材料符合绿色包装的要求，不使用含有有毒、有害物质作为包装物材料，使用可循环使用、可降解或者可以无害化处理的包装物，避免过度包装，在满足需求的前提下，尽量减少包装物的材料消耗； 采购商和供应商可以通过抵制商品过度包装，引导广大消费者积极主动参与绿色消费，减少一次性用品及塑料购物袋使用的方式带动全社会绿色消费
2011年10月	新闻出版总署、环境保护部	《关于实施绿色印刷的公告》	决定共同开展实施绿色印刷工作，实施范围包括印刷的生产设备、原辅材料、生产过程以及出版物、包装装潢等印刷品，涉及印刷产品生产全过程

3. 中国印刷业政策环境分析

2011—2021年，国务院及国家相关部委发布了17项与印刷业相关的产业政策文件，对调整优化产业布局、生产体系，解决产业发展中突出的环境问题，落实印刷业风险防控要求等，起到了有力的疏导和管理作用。

其中，2011年，新闻出版总署和环境保护部发布的《关于实施绿色印刷的公告》对印刷产品生产全过程的采用绿色印刷技术提出了要求。

2014年，商务部、环境保护部、工业和信息化部联合发布的《企业绿色采购指南（试行）》鼓励企业要求供应商供应产品或原材料符合绿色包装，不使用含有有毒、有害物质作为包装物材料，使用可循环使用、可降解或者可以无害化处理的包装物，这两个文件的发布有力地推动了印刷业向绿色化的发展。

2015年，国务院发布的《中国制造2025》提出了要全面推进钢铁、有色、化工、建材、轻工、印染等传统制造业绿色改造，大力研发推广绿色工艺技术装备，实现绿色生产；加快推动新一代信息技术与制造技术融合发展，把智能制造作为工业化和信息化深度融合的主攻方向。《中国制造2025》的发布为中国印刷业向绿色化、智能化发展指明了方向。

2017年，国家新闻出版广电总局发布的《印刷业“十三五”时期发展规划》提出了推动包装印刷向创意设计、个性定制、环保应用转型，并支持胶印、网印、柔印等印刷方式与数字技术融合发展，从政策角度明确了数字印刷、绿色印刷、智能印刷和技术融合是“十三五”期间印刷业发展的方向和发展的重点。

在全球数字化、零碳排放等背景下，中国印刷产业进入高质量发展的关键跨越期，印刷业“十四五”发展规划内容由原来的印刷企业首次拓展到全产业链，为未来五年中国印刷业政策制定等提供了重要的方向指引和参考依据。

6.6 中国印刷产业市场情报分析

中国印刷产业经过多年的发展，企业整体数量不断增加，2020年底中国印刷产业的企业数量达到12.7万家，规模以上的企业数量为5887家（产值2000万元以上），市场规模依旧保持逐年增长的态势，但是增长速度有所放缓，整体市场已处于完全竞争的状态。

2020年以来的新冠肺炎疫情，进一步加速了数字化阅读、在线办公、网络教育等，对传统的出版物印刷和商业印刷市场的冲击，包装及标签印刷市场更加备受印刷企业的重视，市场竞争更为激烈。

其中，包装印刷广泛服务于国民经济和居民生活中的各个细分领域，如食品饮料、日化、电子通讯、烟草、医药、服装等产业，该细分市场的发展与家庭消费水平有密切的关系。

麦肯锡全球研究院2021年报告数据显示，目前，中国家庭消费约占GDP的38%，而在整个亚太地区，这一比例约为50%；在欧盟为52%，在美国占比为68%。中国家庭消费的增长空间巨大，预计未来十年，中国或将成为全球最大的消费经济体，全球约有四分之一的消费增长将发生在中国市场。消费市场的持续增长，将直接带动包装印刷细分市场的发展，整体而言中国包装印刷的市场利润率和发展规模，有望迎来较大的增长。

目前，中国最大的30个城市是消费市场的重点区域，最大的30个城市容纳了全国25%的人口，带动了45%的家庭消费；受纸质印刷产品销售半径的影响，印刷包装企业与消费市场的重点区域有较高的一致性，印刷企业集团的主要生产基地和市场聚集在珠三角、长三角和环渤海等三大区域，三大区域的印刷包装市场呈现繁荣发展的态势。

伴随着中国的城镇化进程，城市和城市集群将继续担当中国的增长引擎，预计未来中国约有 90% 的消费增长来自城市，同时，中国一些新的热点城市正在出现和崛起，例如，贵阳的家庭消费一直以两位数的速度增长。随着新的消费市场区域的蓄势待发，新的增长空间正在显现，可以预见中国印刷业的生产布局及市场范围，将向西南、西北区域的新兴城市带逐渐拓展。

6.7 中国印刷产业技术情报分析

从中国古代的印刷术发明以来，印刷技术就一步步深入生产、生活，印刷技术最早可追溯到公元 600 年的唐朝初期发现的雕版印刷实物；1845 年起经过一个多世纪的发展，各工业发达国家都相继实现了印刷工业的机械化；进入 21 世纪，随着印刷技术的成熟，数字印刷等新型印刷方式出现。

目前，印刷是指使用模拟或数字的图像载体将呈色剂或色料（如油墨）转移到承印物上的复制过程。在人工智能、机器人技术、物联网（IoT）、大数据和 3D 打印等新兴技术的推动下，印刷产业面临着全新的技术竞争及客户需求的细分化、多元化的变化，给现有从业人员的技术能力、核心工艺等带来了全面的挑战。

随着数字印刷、数字化工作流程等新型印刷技术的进一步成熟，具有方便快捷、缩短生产工时、无须起印量等明显的优势，与此相关联的研发和应用，成为技术发展的主流趋势；围绕节能、无污染、低污染及可循环利用等绿色环保需求，VOCs 源头治理、达标排放、环保材料等技术是印刷业研发应用的重点方向；在大型印刷生产企业中，由于数字印刷在大批量印刷方面尚不具备成本竞争优势，短期内传统印刷方式将依然是主要的技术路线，传统印刷技术将与数字印刷技术并存发展。

中国印刷企业已拥有一批微纳关键技术、喷墨打印头制造、柔性光电子材料、工厂智能化升级、环保油墨制造等方面的自主知识产权，但产业的整体研发创新竞争力较弱，大多数企业仍依赖于相对传统的生产经营方式。

当前，中国消费者置身在一个技术更迭、人口变化和新消费行为层出不穷的前沿市场，个性化定制、按需印刷等创新性消费模式将是印刷产业发展的必然趋势。中国印刷产业更需要在跨领域、绿色环保、文创化及定制化的方向上不断变革，加快打造一批以龙头企业为主体、科研院所为支撑、地方政府深度参与的公共创新服务平台，加强工艺、设备、原材料等关键核心技术攻关，才能在激烈的国际产业竞争环境下持续发展。

6.8 中国印刷产业态势情报分析

1. 中国印刷产业市场规模总体分析

2015—2020 年，我国印刷行业市场总体规模继续呈逐年上涨趋势，但增长幅度则呈明显下降趋势；2020 年全国印刷（主要包括出版物印刷、包装及标签印刷、其他印刷品印刷等）市场规模为 13867.0 亿元，同比增长 0.58%，如表 6-7 所示。

预计未来 5 年，中国印刷产业的年均复合增长率也仅为 0.6%，与 2019—2021 年的年增长率基本持平。

表 6-7　2015—2020 年中国印刷业市场规模

年份	市场规模 / 亿元人民币	增长率 /%
2015	12230.8	4.30
2016	12695.8	3.80
2017	13140.7	3.50
2018	13705.6	4.30
2019	13786.5	0.59
2020	13867.0	0.58

资料来源：国家新闻出版总署。

2. 中国印刷企业总体数量分析

截至 2020 年 12 月底，中国印刷产业的企业的总体数量从 2016 年的 89026 家增长到 2020 年的 127770 家，其中，规模以上企业的数量从 2016 年的 5470 家增至 2020 年的 5887 家。

数据分析显示，2016—2020 年印刷企业总体数量的年复合增长率为 7% 左右，规模以上企业数量的增速，远低于印刷企业总体数量的增长速度，如

表 6-8 所示。

表 6-8　2016—2020 年印刷产业企业规模

年份	企业总量 / 家	规模以上企业量 / 家	企业总量增长率 /%	规模以上企业增长率 /%
2016	89026	5470	9.8	5.1
2017	99826	5693	12.1	4.1
2018	110565	5706	10.8	0.2
2019	119308	5663	7.9	−0.8
2020	127770	5887	7.1	3.9

资料来源：国家市场监督管理总局、国家统计局。

我国印刷业的利润来源以民营企业为主，民营企业在我国印刷业的经济发展中有着举足轻重的地位。

数据分析显示，2019 年民营印刷企业利润占比为 92.55%，同比增加 1.20%；国有全资印刷企业利润占比为 1.85%，同比减少 0.81%；集体企业利润占比为 2.29%，同比减少 0.42%；外商投资企业占比为 2.64%，同比增加 0.07%。如表 6-9 所示。

表 6-9　2019 年印刷业利润构成占比分析

持有人	印刷业利润构成分析占比 /%
国有全资	1.85
混合投资企业	0.31
外商投资企业	2.64
港澳台投资企业	0.36
集体企业	2.29
民营企业	92.55

资料来源：国家市场监督管理总局。

中国印刷业的纳税主体以民营企业为主，数据分析显示，2019 年民营企业占到印刷业纳税总额的 92.42%，同比增长 1.20%；外商投资企业、集体企业和国有全资企业的纳税总额占比分别为 2.67%、2.25% 和 1.99%。

对外商投资企业的总体数量、利润总额和营业收入进行综合对比，分析结果显示，外商投资企业在中国印刷业中的经济效益普遍较高，如表 6-10 所示。

表 6-10　印刷业纳税情况占比分析

持有人	印刷业纳税情况分析占比 /%
国有全资	1.99
混合投资企业	0.31
外商投资企业	2.67
港澳台投资企业	0.36
集体企业	2.25
民营企业	92.42

资料来源：国家市场监督管理总局。

3. 中国印刷产业规模以上企业资产及负债分析

近五年，中国印刷产业规模以上企业的资产规模呈逐年上升趋势，2020 年，中国印刷业规模以上企业总资产为 6267.8 亿元，同比增长 4.2%。

中国印刷产业规模以上企业流动资产规模均保持在 3000 亿元以上，2020 年的流动资产规模为 3551.5 亿元，同比增长 5.9%。

2020 年中国印刷业中规模以上企业资产负债总额为 2854.5 亿元，同比增长 2.9%；2020 年中国印刷业中规模以上企业资产负债率为 45.54%，相较全国工业平均负债率的 56.1%，印刷企业的负债水平较低。如表 6-11 所示。

表 6-11　2016—2020 年规模以上印刷企业资产及负债

年份	总资产 / 亿元人民币	流动资产 / 亿元人民币	负债 / 亿元人民币	资产负债率 /%
2016	5019.5	3010	2520.5	50.21
2017	5817.3	3018.1	2499.7	42.97
2018	5754.5	3170.1	2657.1	46.17
2019	6016.4	3353.8	2774.8	46.12
2020	6267.8	3551.5	2854.5	45.54

资料来源：国家统计局。

2020 年年末，印刷业规模以上企业的应收账款平均回收期为 55.34 天。相比全部工业的应收账款平均回收期 51.2 天，印刷行业的数字偏高。但与上年的 56.6 天相比，应收账款平均回收期有所改善。

2020 年年末，印刷业规模以上企业的产成品存货周转天数为 17.75 天。相比上年 16.17 天，存货周转速度有所减缓。

4. 中国印刷产业规模以上企业营收与利润分析

2020 年，参与统计的印刷业规模以上企业有 5887 家，其营业收入总额为 6638.3 亿元，相比上年增速为 -2.3%。同时期，全部工业规模以上企业实现营业收入，相比上年增长 0.8%，印刷业的营收增速，未达到全国工业的平均水平。

2020 年，印刷业规模以上企业利润总额为 452.4 亿元，同比增速为 -3.6%。同期，全部工业规模以上企业利润总额，实现同比增长 4.1%。如表 6-12 所示。

表 6-12　2016—2020 年规模以上企业营业收入及利润

年份	营业收入 / 亿元人民币	利润总额 / 亿元人民币
2016	8057.9	575.2
2017	7857.7	542.2
2018	6471.1	425.6
2019	6794.0	469.0
2020	6638.3	452.4

资料来源：国家统计局。

5. 中国印刷产业规模以上企业效益状况分析

2015—2019 年，中国印刷业规模以上企业中，亏损企业的占比在 10.9% ～ 11.7%。

受新冠肺炎疫情及整体经济环境下行的影响，2020 年印刷业规模以上企业的整体亏损面为 16.3%，亏损总额增长了 6.6%；2020 年 1—2 月亏损面达到 38.3% 的高位，此后连续 10 个月持续下降。

数据分析显示，从 2017 年起，印刷业的亏损面比例逐年走高，预示着印刷行业已经进入实质性的震荡洗牌期，产业内企业整合力度逐年增大，如表 6-13 所示。

表 6-13　2015—2020 年印刷业规模以上企业亏损企业占比状况

年份	占比率 /%
2015	11.7
2016	11.3

续表

年份	占比率 /%
2017	10.9
2018	13.6
2019	13.4
2020 年 1—2 月	38.3
2020 年 3 月	35.6
2020 年 4 月	29.7
2020 年 5 月	26.9
2020 年 6 月	26.8
2020 年 7 月	24.3
2020 年 8 月	22.6
2020 年 9 月	21.8
2020 年 10 月	20.4
2020 年 11 月	18.7
2020 年 12 月	16.3

资料来源：国家统计局。

6.9 印刷业百元营收成本分析

2020 年，中国印刷业规模以上企业中，每百元营业收入中的成本为 83.36 元，同比增长 0.22%，但低于全部工业 83.89 元的平均水平。

2020 年，中国印刷业规模以上企业中，利润率为 6.81%，高于全部工业 6.08% 的平均利润率水平。如表 6-14 所示。

表 6-14　2016—2020 年印刷业百元营收成本及利润率分析

年份	每百元营业收入中的成本 / 元	利润率 /%
2016	84.93	7.14
2017	84.81	6.90
2018	84.15	6.58
2019	83.17	6.90
2020	83.36	6.81

资料来源：国家统计局。

数据分析显示，印刷业规模以上企业中，每百元营业收入中的成本，在2016年达到阶段性高点84.93元，其后出现了平缓的下降。

近年来，印刷业规模以上企业中，营业收入利润率连续从“8%的区间”进入“7%的区间”再跌落到“6%的区间”。进入2021年以来，中国印刷企业面临着印版、化学品、油墨等原材料价格持续上涨和投入成本大幅上升的双重打击，印刷企业的平均盈利预期再次看低。

6.10 企业规模及区域分布大数据分析

近年来，中国印刷业企业在各省市的分布一直在持续调整的过程中，并逐步形成以广东为中心的珠三角、以上海和苏浙为中心的长三角和以京津为中心的环渤海三大产业区。如表6-15所示，三大区域的印刷企业数量在全国印刷企业中的数量占比为57.7%。

京津冀地区与山东地区：2020年北京、天津、山东和河北四个省市的印刷业企业总量达到了19993家，占比合计为15.6%。

长三角地区：长三角是我国的制造业中心，为印刷业发达地区， 2020年上海市、江苏省、浙江省和安徽省四个省市印刷业企业总数量达到了34409家，占比合计为26.9%。

珠三角地区：珠三角毗邻港澳地区，其丰富的印刷品类除满足本地区的市场需求外，还承接了不少港澳地区及国外订单，因此广东地区的印刷比较发达，印刷企业数量在2020年达到了19307家，占比合计为15.11%。

表6-15 2020年印刷业企业区域分布

排名	地区	企业数量/家	占比/%
1	广东省	19307	15.11
2	浙江省	16167	12.65
3	江苏省	10768	8.43
4	山东省	10233	8.01
5	河北省	7067	5.53
6	河南省	7044	5.51

续表

排名	地区	企业数量 / 家	占比 /%
7	湖北省	4530	3.55
8	安徽省	4267	3.34
9	四川省	4216	3.30
10	湖南省	4099	3.21
11	福建省	3877	3.03
12	辽宁省	3865	3.02
13	上海市	3207	2.51
14	黑龙江省	2765	2.16
15	陕西省	2538	1.99
16	江西省	2299	1.80
17	广西壮族自治区	2278	1.78
18	吉林省	2225	1.74
19	山西省	2211	1.73
20	甘肃省	2108	1.65
21	重庆市	2052	1.61
22	内蒙古自治区	1902	1.49
23	贵州省	1613	1.26
24	云南省	1597	1.25
25	北京市	1538	1.20
26	天津市	1155	0.90
27	新疆维吾尔自治区	1155	0.90
28	海南省	617	0.48
29	宁夏回族自治区	478	0.37
30	青海省	474	0.37
31	西藏自治区	118	0.09
	合计	127770	100

资料来源：国家市场监督管理总局。

6.11 印刷业高新技术企业分布大数据分析

2020年，中国印刷业中高新技术企业共计1252家，分布在31个省市，其中广东省、浙江省和江苏省的高新企业数量最多。广东省为310家，占比为24.76%；浙江省为150家，占比为11.98%；江苏省为95家，占比为7.59%。

高新技术企业的分布数据显示，京津冀、长三角和珠三角的印刷业的科技创新能力较强，具有强劲的企业发展潜力，如表6-16所示。

表6-16 2020年印刷业高新技术企业区域分布

序号	地区	高新技术企业/家	占比/%
1	广东省	310	24.76
2	浙江省	150	11.98
3	江苏省	95	7.59
4	山东省	71	5.67
5	上海市	67	5.35
6	北京市	60	4.79
7	湖南省	56	4.47
8	湖北省	53	4.23
9	安徽省	49	3.91
10	河北省	44	3.51
11	云南省	42	3.35
12	江西省	41	3.27
13	天津市	37	2.96
14	河南省	28	2.24
15	重庆市	25	2.00
16	四川省	22	1.76
17	福建省	22	1.76
18	陕西省	16	1.28
19	辽宁省	16	1.28
20	广西壮族自治区	12	0.96
21	吉林省	9	0.72
22	贵州省	6	0.48

续表

序号	地区	高新技术企业 / 家	占比 /%
23	山西省	5	0.40
24	内蒙古自治区	4	0.32
25	新疆维吾尔自治区	4	0.32
26	海南省	3	0.24
27	宁夏回族自治区	2	0.16
28	黑龙江省	1	0.08
29	甘肃省	1	0.08
30	青海省	1	0.08
31	西藏自治区	0	0.00
	合计	1252	100

资料来源：国家市场监督管理总局。

6.12 企业规模大数据分析

按企业注册资金规模的数据分析结果显示，2020 年，中国印刷业企业以中小企业为主，注册资金 100 万元以内的企业占比达 58.89%；注册资金在 100 万—200 万元的企业占比为 19.98%；注册资金在 5000 万元以上的企业共有 1078 家，占比仅有 0.84%。如表 6-17 所示。

表 6-17 印刷业企业注册资金规模分析

企业注册资金规模 / 元	占比 /%
100 万以内	58.89
100 万—200 万	19.98
200 万—500 万	9.32
500 万—1000 万	5.83
1000 万—5000 万	5.12
5000 万以上	0.84

资料来源：国家市场监督管理总局。

6.13 高科技创新型和高成长性企业数据分析

2020 年，中国印刷业企业中有 A 股上市企业 24 家、隐形冠军企业 9 家、牛羚企业 5 家、雏鹰企业 15 家、瞪羚企业 40 家、科技小巨人企业 30 家和专精特新企业 185 家，在中国印刷企业总量中的占比为 0.24%，印刷产业中的高科技创新型和高成长性企业数量和占比均偏低，如表 6-18 所示。

表 6-18 印刷业中高科技创新型和高成长性企业数量

类型	数量 / 家
高新技术企业	1252
专精特新企业	185
瞪羚企业	40
科技小巨人	30
A 股	24
雏鹰企业	15
隐形冠军企业	9
牛羚企业	5

资料来源：国家市场监督管理总局、企查查。

总体上看，我国印刷产业的整体技术和管理创新上投入不足，致使印刷企业的科技含量、科研创新性、市场竞争力与国际和其他产业相比有明显差距，我国印刷业在做优、做大、做强的发展道路上尚有很长的路需要走。

6.14 产业人员规模大数据分析

2019 年，全国印刷产业中从事图书出版、期刊出版、报纸出版、印刷复制、出版发行和出版物进出口人员共有 361.7 万人，其中，从事印刷复制的人员数量为 272.77 万人，占比为 75.4%；出版物发行业人员数量为 54.49 万人，占比为 15.1%；报纸出版业人员数量为 18.26 万人，占比为 5.0%；期刊出版业人员数量为 9.29 万人，占比为 2.6%；图书出版业人员数量为 6.65 万人，占比为 1.8%。

2019 年印刷业从业人员同比呈减少趋势，其中，印刷复制人员数量同比减少了 8.3%；报纸出版业人员数量同比减少了 5.5%；出版物发行业人员数量同比减少了 3.1%；期刊出版业人员数量同比减少了 2.4%；图书出版业人员数量同比减少了 1.0%，如表 6-19 所示。

表 6-19　印刷产业人员数量细分领域

细分领域	从业人员数量 / 万人	占比 /%	同比
印刷复制	272.77	75.4%	-8.3%
出版物发行	54.49	15.1%	-3.1%
报纸出版	18.26	5.0%	-5.5%
期刊出版	9.29	2.6%	-2.4%
图书出版	6.65	1.8%	-1.0%
出版物进出口	0.25	0.1%	0.4%

资料来源：国家新闻出版总署。

近年来，中国印刷产业从业人员整体规模呈减少趋势，体现了印刷企业正在积极推动智能化的改造，利用自动化设备不断降低人力成本，采用先进设备和先进技术不断实现降本增效。

6.15　全球印刷产品进出口分析

在本章节中印刷产品进出口数据的选取范围，依据世界海关组织《商品名称及编码协调制度的国际公约》（*International Convention for Harmonized Commodity Description and Coding System*）、中国海关总署《中华人民共和国进出口税则（2020）》及 2021 年 9 月《中华人民共和国海关进出口货物商品归类管理规定》中关于海关进出口商品名称与编码（HSCODE），目录分类中的第 49 章印刷品为研究对象，包含：HS4901 书籍、小册子、散页印刷品及类似印刷品，不论是否单张；HS4902 报纸、杂志及期刊，不论有无插图或广告材料；HS4903 儿童图画书、绘画或涂色书；HS4904 乐谱原稿或印本，不论是否装订或印有插图；HS4905 印刷的地图及类似图表等。

2020 年全球印刷产业印刷品前 10 大进口国家和地区按进口额排序分别是：美国、德国、中国内地、英国、加拿大、法国、瑞士、刚果、南非和中国香港等，如表 6-20、图 6-6 所示。

表 6-20 2020 年全球印刷产业印刷品进口国家和地区分析

全球进口排名	国家和地区	进口额 / 千美元	占比 /%
1	美国	4026797	11.4
2	德国	2680818	7.6
3	中国内地	2206348	6.3
4	英国	2082680	5.9
5	加拿大	1870470	5.3
6	法国	1711560	4.9
7	瑞士	1365578	3.9
8	刚果	1199086	3.4
9	南非	1125466	3.2
10	中国香港	1020630	2.9
其他国家和地区		15936524	45.2
合计		35225957	100

资料来源：中国海关总署。

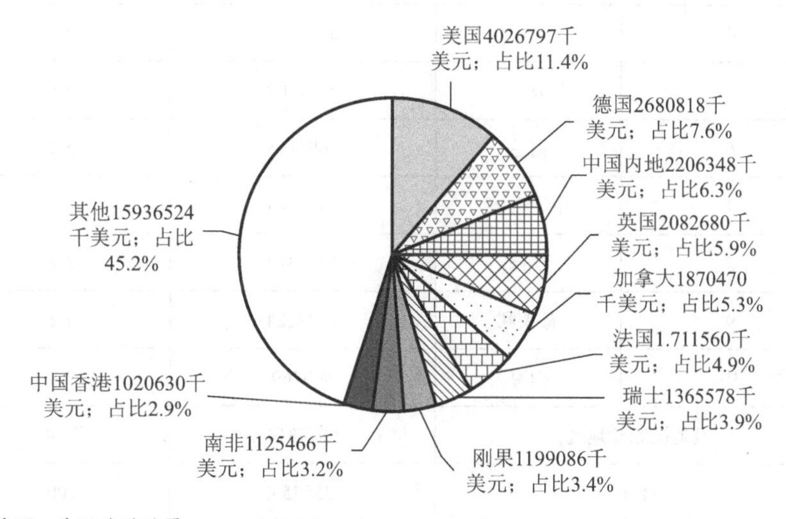

资料来源：中国海关总署。

图 6-6 2020 年全球印刷产业印刷品 TOP10 进口国家和地区

数据分析显示，2020年全球印刷产业印刷品进口美国排名第一，进口额为4026797千美元，占印刷品进口总额的11.4%；印刷品全球进口排名第二、第三、第四、第五、第六、第七、第八、第九、第十的分别为德国、中国内地、英国、加拿大、法国、瑞士、刚果、南非和中国香港，进口额分别为2680818千美元、2206348千美元、2082680千美元、1870470千美元、1711560千美元、1365578千美元、1199086千美元、1125466千美元、1020630千美元，分别占印刷品全球进口总额的7.6%、6.3%、5.9%、5.3%、4.9%、3.9%、3.4%、3.2%、2.9%。

2020年全球印刷产业印刷品前10大出口国家和地区按出口额排序分别是：德国、美国、中国内地、英国、波兰、荷兰、中国香港、法国、意大利和捷克，如表6-21、图6-7所示。

表6-21　2020年全球印刷产业印刷品出口国家和地区分析

全球出口排名	国家和地区	出口额/千美元	占比/%
1	德国	3818098	11.7
2	美国	3660624	11.2
3	中国内地	3489413	10.7
4	英国	3116699	9.6
5	波兰	2317409	7.1
6	荷兰	1691155	5.2
7	中国香港	1381843	4.2
8	法国	1266310	3.9
9	意大利	1029224	3.2
10	捷克	909469	2.8
其他国家和地区		9877314	30.4
合计		32557558	100

资料来源：中国海关总署。

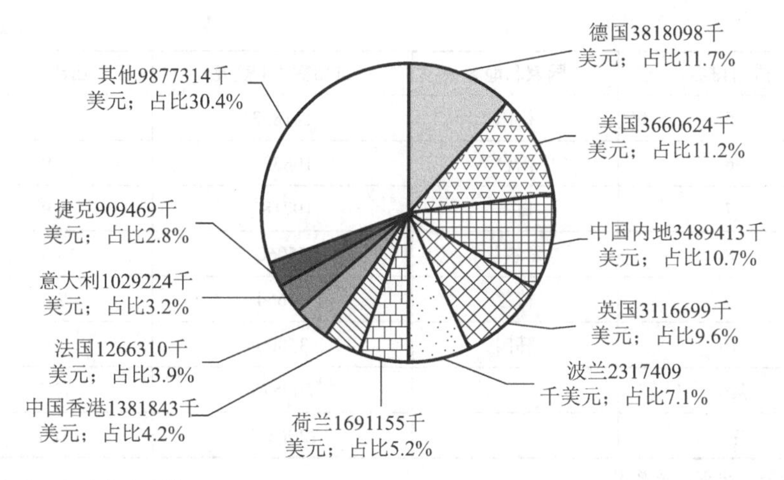

资料来源：中国海关总署。

图 6-7　2020 年全球印刷产业 TOP10 出口国家和地区

数据分析显示，2020 年全球印刷产业印刷品出口德国排名第一，出口额为 3818098 千美元，占该类产品全球出口总额的 11.7%；印刷品全球出口排名第二、第三、第四、第五、第六、第七、第八、第九、第十的分别为美国、中国内地、英国、波兰、荷兰、中国香港、法国、意大利和捷克，出口额分别为 3660624 千美元、3489413 千美元、3116699 千美元、2317409 千美元、1691155 千美元、1381843 千美元、1266310 千美元、1029224 千美元、909469 千美元，分别占印刷品出口总额的 11.2%、10.7%、9.6%、7.1%、5.2%、4.2%、3.9%、3.2%、2.8%。

2020 年中国内地印刷产业印刷品前 10 大进口国家和地区按进口额排序分别是：美国、新加坡、英国、中国香港、德国、中国台湾、日本、爱尔兰、荷兰和韩国，如表 6-22、图 6-8 所示。

表 6-22　2020 年中国内地印刷产业印刷品进口来源国家和地区分析

进口排名	国家和地区	进口额 / 千美元	占比 /%
1	美国	547550	24.8
2	新加坡	495905	22.5
3	英国	231770	10.5
4	中国香港	142675	6.5

续表

进口排名	国家和地区	进口额 / 千美元	占比 /%
5	德国	141833	6.4
6	中国台湾	108339	4.9
7	日本	107181	4.9
8	爱尔兰	75060	3.4
9	荷兰	50654	2.3
10	韩国	35806	1.6
其他		269575	12.2
合计		2206348	100

资料来源：中国海关总署。

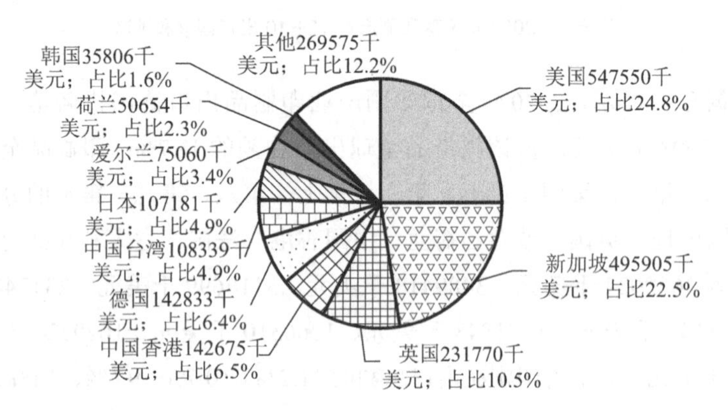

资料来源：中国海关总署。

图 6-8　2020 年中国内地印刷产业印刷品 TOP10 进口来源国家和地区

数据分析显示，2020 年中国内地印刷产业印刷品进口美国排名第一，进口额为 547550 千美元，占该产品中国内地进口总额的 24.8%；中国内地印刷产业印刷品进口来源国家和地区排名第二、第三、第四、第五、第六、第七、第八、第九、第十的分别为新加坡、英国、中国香港、德国、中国台湾、日本、爱尔兰、荷兰和韩国，进口额分别为 495905 千美元、231770 千美元、142675 千美元、141833 千美元、108339 千美元、107181 千美元、75060 千美元、50654 千美元、35806 千美元，分别占该产品进口总额的 22.5%、10.5%、6.5%、6.4%、4.9%、4.9%、3.4%、2.3%、1.6%。

中国内地是全球印刷品的出口大国，2020 年出口目的地多达 196 个国家和地区。

2020 年中国印刷产业印刷品前 10 大出口国家和地区按出口额排序分别是：美国、中国香港、英国、日本、澳大利亚、德国、越南、加拿大、荷兰和法国，如表 6-23、图 6-9 所示。

表 6-23　2020 年中国内地印刷产业印刷品出口国家和地区分析

出口排名	国家和地区	出口额 / 千美元	占比 /%
1	美国	1261214	36.1
2	中国香港	533222	15.3
3	英国	284533	8.2
4	日本	115434	3.3
5	澳大利亚	111193	3.2
6	德国	103671	3.0
7	越南	90634	2.6
8	加拿大	76652	2.2
9	荷兰	76250	2.2
10	法国	59328	1.7
其他		777282	22.2
合计		3489413	100

资料来源：中国海关总署。

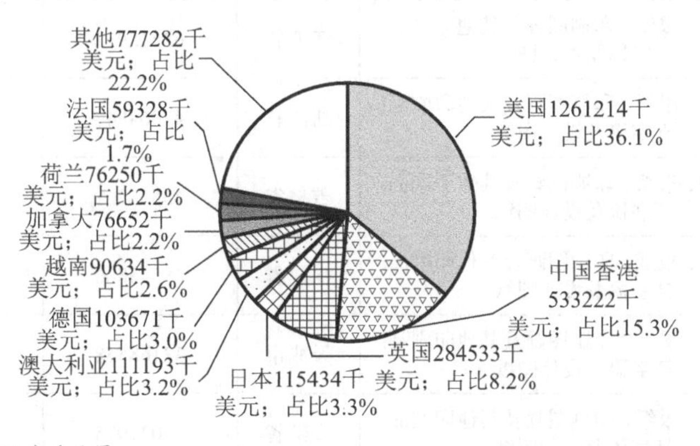

资料来源：中国海关总署。

图 6-9　2020 年中国内地印刷产业印刷品 TOP10 出口国家和地区

数据分析显示，2020 年中国印刷产业印刷品出口美国排名第一，出口额为 1261214 千美元，占该产品中国出口总额的 36.1%；排名第二、第三、第四、第五、第六、第七、第八、第九、第十的分别为中国香港、英国、日本、澳大利亚、德国、越南、加拿大、荷兰和法国，出口额分别为 533222 千美元、284533 千美元、115434 千美元、111193 千美元、德国 103671 千美元、越南 90634 千美元、76652 千美元、76250 千美元、59328 千美元，分别占该产品出口总额的 15.3%、8.2%、3.3%、3.2%、3.0%、2.6%、2.2%、2.2%、1.7%。

2020 年中国印刷产业印刷品进口额前 10 大省市排序，分别是：北京市、广东省、上海市、重庆市、江苏省、浙江省、吉林省、福建省、天津市、安徽省，如表 6-24 所示。

表 6-24　2020 年中国各省市印刷品进口金额分析

排名	商品名称	省份名称	进口金额 / 美元	占比 /%
1	书籍、报纸、印刷图画及其他印刷品；手稿、打字稿及设计图纸	北京市	791734967	35.88
2	书籍、报纸、印刷图画及其他印刷品；手稿、打字稿及设计图纸	广东省	484087089	21.94
3	书籍、报纸、印刷图画及其他印刷品；手稿、打字稿及设计图纸	上海市	465020325	21.07
4	书籍、报纸、印刷图画及其他印刷品；手稿、打字稿及设计图纸	重庆市	152997558	6.93
5	书籍、报纸、印刷图画及其他印刷品；手稿、打字稿及设计图纸	江苏省	62815912	2.85
6	书籍、报纸、印刷图画及其他印刷品；手稿、打字稿及设计图纸	浙江省	47064946	2.13
7	书籍、报纸、印刷图画及其他印刷品；手稿、打字稿及设计图纸	吉林省	45551701	2.06
8	书籍、报纸、印刷图画及其他印刷品；手稿、打字稿及设计图纸	福建省	38545886	1.75
9	书籍、报纸、印刷图画及其他印刷品；手稿、打字稿及设计图纸	天津市	32168558	1.46
10	书籍、报纸、印刷图画及其他印刷品；手稿、打字稿及设计图纸	安徽省	27031975	1.23
11	书籍、报纸、印刷图画及其他印刷品；手稿、打字稿及设计图纸	四川省	14007904	0.63

续表

排名	商品名称	省份名称	进口金额 / 美元	占比 /%
12	书籍、报纸、印刷图画及其他印刷品；手稿、打字稿及设计图纸	陕西省	11218191	0.51
13	书籍、报纸、印刷图画及其他印刷品；手稿、打字稿及设计图纸	山东省	7397305	0.34
14	书籍、报纸、印刷图画及其他印刷品；手稿、打字稿及设计图纸	辽宁省	7320434	0.33
15	书籍、报纸、印刷图画及其他印刷品；手稿、打字稿及设计图纸	江西省	5382123	0.24
16	书籍、报纸、印刷图画及其他印刷品；手稿、打字稿及设计图纸	河南省	4889216	0.22
17	书籍、报纸、印刷图画及其他印刷品；手稿、打字稿及设计图纸	湖北省	4619636	0.21
18	书籍、报纸、印刷图画及其他印刷品；手稿、打字稿及设计图纸	湖南省	2467586	0.11
19	书籍、报纸、印刷图画及其他印刷品；手稿、打字稿及设计图纸	广西壮族自治区	840315	0.04
20	书籍、报纸、印刷图画及其他印刷品；手稿、打字稿及设计图纸	黑龙江省	467642	0.02
21	书籍、报纸、印刷图画及其他印刷品；手稿、打字稿及设计图纸	河北省	382469	0.02
22	书籍、报纸、印刷图画及其他印刷品；手稿、打字稿及设计图纸	新疆维吾尔自治区	231398	0.01
23	书籍、报纸、印刷图画及其他印刷品；手稿、打字稿及设计图纸	海南省	167951	0.01
24	书籍、报纸、印刷图画及其他印刷品；手稿、打字稿及设计图纸	云南省	66108	0.0030
25	书籍、报纸、印刷图画及其他印刷品；手稿、打字稿及设计图纸	山西省	28883	0.0013
26	书籍、报纸、印刷图画及其他印刷品；手稿、打字稿及设计图纸	贵州省	12072	0.0005
27	书籍、报纸、印刷图画及其他印刷品；手稿、打字稿及设计图纸	甘肃省	6477	0.0003
28	书籍、报纸、印刷图画及其他印刷品；手稿、打字稿及设计图纸	宁夏回族自治区	2867	0.0001
29	书籍、报纸、印刷图画及其他印刷品；手稿、打字稿及设计图纸	内蒙古自治区	24	0
总计			2206527518	100

资料来源：中国海关总署。

2020年中国印刷产业印刷品前10大省市按出口额排序分别是：广东省、浙江省、江苏省、福建省、上海市、山东省、湖南省、北京市、安徽省、江西省，如表6-25所示。

表6-25　2020年中国各省市印刷品出口金额分析

排名	商品名称	省份名称	出口金额/美元	占比/%
1	书籍、报纸、印刷图画及其他印刷品；手稿、打字稿及设计图纸	广东省	1882842042	53.96
2	书籍、报纸、印刷图画及其他印刷品；手稿、打字稿及设计图纸	浙江省	611783479	17.53
3	书籍、报纸、印刷图画及其他印刷品；手稿、打字稿及设计图纸	江苏省	234079408	6.71
4	书籍、报纸、印刷图画及其他印刷品；手稿、打字稿及设计图纸	福建省	191925696	5.50
5	书籍、报纸、印刷图画及其他印刷品；手稿、打字稿及设计图纸	上海市	170422989	4.88
6	书籍、报纸、印刷图画及其他印刷品；手稿、打字稿及设计图纸	山东省	70122233	2.01
7	书籍、报纸、印刷图画及其他印刷品；手稿、打字稿及设计图纸	湖南省	61128120	1.75
8	书籍、报纸、印刷图画及其他印刷品；手稿、打字稿及设计图纸	北京市	60348260	1.73
9	书籍、报纸、印刷图画及其他印刷品；手稿、打字稿及设计图纸	安徽省	38161219	1.09
10	书籍、报纸、印刷图画及其他印刷品；手稿、打字稿及设计图纸	江西省	28489076	0.82
11	书籍、报纸、印刷图画及其他印刷品；手稿、打字稿及设计图纸	云南省	24187320	0.69
12	书籍、报纸、印刷图画及其他印刷品；手稿、打字稿及设计图纸	广西壮族自治区	23135747	0.66
13	书籍、报纸、印刷图画及其他印刷品；手稿、打字稿及设计图纸	河北省	15630308	0.45
14	书籍、报纸、印刷图画及其他印刷品；手稿、打字稿及设计图纸	湖北省	14896922	0.43
15	书籍、报纸、印刷图画及其他印刷品；手稿、打字稿及设计图纸	四川省	14419581	0.41

续表

排名	商品名称	省份名称	出口金额 / 美元	占比 /%
16	书籍、报纸、印刷图画及其他印刷品；手稿、打字稿及设计图纸	重庆市	10015455	0.29
17	书籍、报纸、印刷图画及其他印刷品；手稿、打字稿及设计图纸	天津市	9745229	0.28
18	书籍、报纸、印刷图画及其他印刷品；手稿、打字稿及设计图纸	辽宁省	6920301	0.20
19	书籍、报纸、印刷图画及其他印刷品；手稿、打字稿及设计图纸	新疆维吾尔自治区	5006294	0.14
20	书籍、报纸、印刷图画及其他印刷品；手稿、打字稿及设计图纸	河南省	4626938	0.13
21	书籍、报纸、印刷图画及其他印刷品；手稿、打字稿及设计图纸	陕西省	3305207	0.09
22	书籍、报纸、印刷图画及其他印刷品；手稿、打字稿及设计图纸	黑龙江省	2238043	0.06
23	书籍、报纸、印刷图画及其他印刷品；手稿、打字稿及设计图纸	贵州省	2031573	0.06
24	书籍、报纸、印刷图画及其他印刷品；手稿、打字稿及设计图纸	吉林省	2029846	0.06
25	书籍、报纸、印刷图画及其他印刷品；手稿、打字稿及设计图纸	内蒙古自治区	809512	0.02
26	书籍、报纸、印刷图画及其他印刷品；手稿、打字稿及设计图纸	海南省	701859	0.02
27	书籍、报纸、印刷图画及其他印刷品；手稿、打字稿及设计图纸	山西省	277754	0.0080
28	书籍、报纸、印刷图画及其他印刷品；手稿、打字稿及设计图纸	甘肃省	97220	0.0028
29	书籍、报纸、印刷图画及其他印刷品；手稿、打字稿及设计图纸	西藏自治区	11217	0.0003
30	书籍、报纸、印刷图画及其他印刷品；手稿、打字稿及设计图纸	青海省	1521	0
31	书籍、报纸、印刷图画及其他印刷品；手稿、打字稿及设计图纸	宁夏回族自治区	440	0
总计			3489390809	

资料来源：中国海关总署。

6.16 中国印刷产业科研情报分析

专利申请使各种技术、法律、经济信息融于一体，是一项承载着技术创新与产业变革的信息源。专利是市场主体在商业环境中获得技术竞争优势的决定性因素，因此，各国都从商业战略和技术战略角度积极申请专利，以维护自身在印刷行业竞争中的优势。本课题研究，采用国家知识产权局专利检索数据库，对国民经济分类编码为“印刷复制”、技术主题词为“印刷”，进行数据筛选，对印刷产业的专利规模、专利类型、专利细分领域、专利技术进行分析研究。

在科技创新驱动经济社会发展的大背景下，申请专利已成为创新主体保护其创新成果的主要手段，专利情报凸显了各方因素带来的技术趋势和商业风险，它可以提供以数据驱动的技术规划策略与决策。

从 1985 年 4 月至 2021 年 4 月，全球印刷专利申请数量前 20 家企业，见表 6-26。其中，佳能，专利申请量为 7326 项；精工爱普生，专利申请量为 5801 项；富士施乐，专利申请量为 4198 项；兄弟工业，专利申请量为 2826 项；三星电子，专利申请量为 2531 项；理光，专利申请量为 2494 项；东芝，专利申请量为 2181 项；京瓷，专利申请量为 2007 项；惠普，专利申请量为 1902 项；松下，专利申请量为 1825 项；国家电网，专利申请量为 1989 项；珠海赛纳打印，专利申请量为 1950 项；天威飞马打印耗材，专利申请量为 1682 项；中国科学院，专利申请量为 1630 项；广东欧珀电子，专利申请量为 1562 项；中国电子科技，专利申请量为 1380 项；浪潮，专利申请量为 1372 项；上海微电子装备，专利申请量为 1314 项；华为，专利申请量为 1260 项；京东方，专利申请量为 1241 项。

表 6-26 印刷业全球专利申请企业 TOP20

排名	申请人	总量 / 项
1	佳能	7326
2	精工爱普生	5801
3	富士施乐	4198
4	兄弟工业	2826
5	三星电子	2531
6	理光	2494

续表

排名	申请人	总量 / 项
7	东芝	2181
8	京瓷	2007
9	惠普	1902
10	松下	1825
11	国家电网	1989
12	珠海赛纳打印	1950
13	天威飞马打印耗材	1682
14	中国科学院	1630
15	广东欧珀电子	1562
16	中国电子科技	1380
17	浪潮	1372
18	上海微电子装备	1314
19	华为	1260
20	京东方	1241

资料来源：国家知识产权局。

对专利申请数量分析结果显示，日本在印刷业的科研能力最强，专利申请数量前三的企业均为日本的企业，其专利申请数量为 17325 件，占比为 35.74%；中国是印刷规模最大的国家，在印刷的科技创新方面的能力也在不断加强，中国有 10 家企业进入前 20 名，这 10 家企业专利申请数量总计为 15380 件，占比为 31.73%。

自 1985 年 1 月至 2021 年 8 月，中国印刷业共申请专利 437822 件，其中有效 223545 件，占比为 51.06%，公开 47579 件，占比为 10.87%；无效 108306 件，撤回 40330 件，驳回 18062 件。

从区域分布来看，广东省、江苏省、浙江省、上海市、山东省、北京市、安徽省、福建省、四川省、湖北省专利申请数量最多，分别为 95516 件、56447 件、33651 件、18819 件、15928 件、15410 件、13289 件、10691 件、9039 件和 9004 件，这 10 个省市的专利申请总量占总申请量的 63.45%。从专利申请的区域上来看，中国印刷产业的聚集区域长三角、珠三角和京津地区也是印刷业专利申请的核心区域。

2016 年至 2020 年中国印刷业专利申请共有 88112 件，专利申请数量总体呈逐年上升趋势，但是从表 6-27 可以看出，专利申请的增长率呈下降趋势，其中，2020 年的专利数量为 18327 件，较 2019 年减少 1817 件，同比减少 9%；2020 年中国印刷产业专利申请数量首次出现负增长，如表 6-27 所示。

表 6-27　2016—2020 年印刷业专利申请数量分析

年份	专利数量 / 件
2016	14274
2017	16955
2018	18412
2019	20144
2020	18327

资料来源：国家知识产权局。

在 2016—2020 年，中国印刷专利申请数量共计为 88112 件，其中，以发明公开类为主，其次是实用新型专利。如表 6-28 所示，从专利申请类型趋势上看，发明公开专利呈逐年上升趋势，而发明授权则整体呈下降趋势，这也在一定程度上说明，印刷业的科研技术创新的力度和科研技术能力在不断增强。

表 6-28　2016—2020 年印刷业专利申请类型分析　　单位：项

专利类型	2016 年	2017 年	2018 年	2019 年	2020 年
发明公开	6927	7970	8685	10200	10700
实用新型	4961	6507	7634	8339	6894
发明授权	2329	2419	1917	1238	408
外观设计	57	59	176	367	325

2016—2020 年中印刷业专利申请主要集中在制备方法、印刷机、印刷电路板、制造方法和印刷设备等 5 个细分领域，这 5 个领域的专利占比为 77.6%，如表 6-29 所示。

表 6-29　2016—2020 年印刷业专利细分领域申请情况　　单位：项

专利技术	2016 年	2017 年	2018 年	2019 年	2020 年
制备方法	960	1202	1360	1282	979

续表

专利技术	2016 年	2017 年	2018 年	2019 年	2020 年
印刷机	502	842	902	1130	1379
印刷电路板	621	636	578	678	592
制造方法	693	583	573	448	243
印刷设备	166	350	406	563	661

资料来源：国家知识产权局。

数据分析显示，在以上 5 个专利细分领域中，制造方法的专利申请则整体呈逐年下降趋势，由2016年的693件减少到2020年的243件，减少64.9%，同期，印刷机的专利申请数量从2016年的502项上升到2020年的1379项，增长了2.75倍；印刷设备的专利申请数量从 2016 年的 166 项上升到 2020 年的 661 项，增长了 3.98 倍。

其中，印刷机和印刷设备的专利申请数量的增加幅度也在一定程度上说明了中国印刷产业在印刷机械的科技创新方面的投入在不断加强，由于数字化、智能化等技术的不断创新带来了印刷机的技术变革，推动印刷机向数字化和智能化方向发展；另外，3D 打印、陶瓷印刷、生物医学印刷等新领域的应用需求也在推动印刷业的生产模式的变化，利用网络、数字化技术和智能化的设备推动整个印刷行业的业务模式的变革，印刷企业需要更加先进的印刷机器来生产高质量和多样性的印刷产品，满足市场的需求。

本课题研究团队，采用了 Numpy 大数据分析工具和自然语言处理技术中的 jieba 中文分词库，对 2016—2020 年印刷机领域专利中专利申请主题词进行提取和分析处理。数据结果显示，印刷机相关的技术主题词有 40 多个，其中固定连接、印刷机、固定板、传送带、支撑板、支撑架固定架等为当前的专利申请热点，见图 6-10。

印刷机是印刷业的核心生产设备，我国印刷设备制造产业集中度低、技术创新能力弱，尤其在数字化、智能化、自动化控制关键技术方面缺少对关键技术的突破。中国印刷产业的政府部门需要制定相应的产业鼓励政策，积极引导印刷设备制造技术方面的研发投入，为印刷机制造行业开拓新的发展领域、提供新的发展机遇。

资料来源：国家知识产权局。

图 6-10　2016—2020 年印刷业印刷机细分技术领域申请热点

2016—2020 年，在印刷机细分领域的专利申请中，排名前 10 的技术领域分别为：固定连接，专利申请量为 1902 件，占比为 13.9%；印刷机，专利申请量为 1680 件，占比为 12.3%；固定板，专利申请量为 683 件，占比为 5.0%；传送带，专利申请量为 607 件，占比为 4.4%；支撑板，专利申请量为 568 件，占比为 4.1%；支撑架，专利申请量为 462 件，占比为 3.4%；控制器，专利申请量为 441 件，占比为 3.2%；外表面，专利申请量为 411 件，占比为 3.0%；驱动电机，专利申请量为 406 件，占比为 3.0%；安装板，专利申请数量为 370 件，占比为 2.7%，以上 10 个技术领域的专利申请量在印刷机细分领域的占比为 55%，如表 6-30 所示。

表 6-30　2016—2020 年印刷机细分领域 TOP10 技术

排名	专利技术	申请数量 / 件	占比 /%
1	固定连接	1902	13.9
2	印刷机	1680	12.3
3	固定板	683	5.0
4	传送带	607	4.4
5	支撑板	568	4.1
6	支撑架	462	3.4
7	控制器	441	3.2
8	外表面	411	3.0

续表

排名	专利技术	申请数量 / 件	占比 /%
9	驱动电机	406	3.0
10	安装板	370	2.7

资料来源：国家知识产权局。

6.17 中国印刷产业学科情报分析

我们选用中国知网（CNKI）收录的科研论文数据，对 2016 年 1 月至 2020 年 12 月期间收录的论文文献，按照选定的印刷、印刷业、印刷产业、印刷行业等作为关键词，进行数据筛选，对筛选后的数据利用主要主题和次要主题进行数据分析，开展印刷产业学科情报的分析研究。

2016—2020 年，中国知网（CNKI）收录的中国印刷产业的科研论文数量从 2016 年的 5560 篇减少到 2020 年的 3034 篇，总体呈逐年递减趋势。从论文发表总数量及论文引用数量维度分析，近五年所发表的论文平均被引用率约为 19.1%，其中 2017 年发表的论文被引用率最高，达到了 24.3%，如表 6-31 所示。

表 6-31　2016—2020 年科研论文发表及被引用分析

年份	发文数量 / 篇	被引量 / 次	引用占比 /%
2016	5560	1146	20.6
2017	4428	1077	24.3
2018	3895	788	20.2
2019	2941	560	19.0
2020	3034	212	7.0

资料来源：中国知网（CNKI）。

2016—2020 年，中国印刷产业的科研论文中被北大核心收录的论文从 2016 年的 592 篇减少到了 2020 年的 458 篇。

2016—2019 年被北大核心收录的论文被引用率均超过了 60%，北大核心收录的论文被引用率远高于 19.1% 的平均被引用率，如表 6-32 所示。

表 6-32　2016—2020 年印刷业科研论文北大核心收录情况

年份	收录数量 / 篇	引用次数 / 次	引用占比 /%
2016	592	425	71.8
2017	443	464	104.7
2018	411	258	62.8
2019	330	213	64.5
2020	458	65	14.2

资料来源：中国知网（CNKI）。

2016—2020 年，中国印刷产业的科研论文的发表单位，主要有北京印刷学院、中国印刷及设备器材工业协会、西安理工大学、华南理工大学、上海出版印刷高等专科学校、天津科技大学、武汉大学、上海数字印刷行业协会、曲阜师范大学、西安电子科技大学等 10 家科研院校和科研机构。

数据分析显示，上述 10 家单位在印刷产业的科研实力较强，在此期间共发表相关论文达 2041 篇，占比为 10.3%。其中，位居前三的北京印刷学院、中国印刷及设备器材工业协会、西安理工大学的论文数量分别为 827 篇、233 篇和 204 篇，如表 6-33 所示。

表 6-33　2016—2020 年印刷业科研论文发表前 10 单位

科研机构	发文数量 / 篇
北京印刷学院	827
中国印刷及设备器材工业协会	233
西安理工大学	204
华南理工大学	178
上海出版印刷高等专科学校	135
天津科技大学	123
武汉大学	95
上海数字印刷行业协会	88
曲阜师范大学	80
西安电子科技大学	78

资料来源：中国知网（CNKI）。

2016—2020年，中国印刷产业的科研领域主要集中在印刷业、印刷企业、包装印刷、绿色印刷、印刷设备、标签印刷、丝网印刷等20个细分领域，这20个细分领域的科研论文总量占到了论文总量的77.35%。印刷业、印刷企业和包装印刷为科研论文发表最多的前三个细分领域，论文数量分别为911篇、427篇和426篇，如表6-34所示。

表6-34　2016—2020年印刷业科研论文细分领域TOP20

排名	细分领域	发文数量/篇
1	印刷业	911
2	印刷企业	427
3	包装印刷	426
4	绿色印刷	352
5	印刷设备	244
6	标签印刷	228
7	丝网印刷	212
8	中国印刷	191
9	印刷技术	179
10	印刷质量	152
11	印刷机	152
12	网版印刷	144
13	印制电路	121
14	印刷工艺	118
15	数字印刷	117
16	保护环境	108
17	喷墨印刷	107
18	雕版印刷	93
19	优先数字出版	78
20	全彩印刷	76

资料来源：中国知网（CNKI）。

近几年，随着材料科学、现代控制技术、计算机技术与人工智能等相关技术的提升，与包装印刷技术相关的科学研究呈现迅速发展的趋势。

本课题研究团队，采用了 Numpy 大数据分析工具和自然语言处理技术中的 jieba 中文分词库，对 2016—2020 年，包装印刷领域科研论文的关键词进行提取并分析处理，数据结果显示，包装印刷领域的科研主题主要有 30 多个，其中印刷、包装印刷、绿色印刷、印刷设备、标签印刷等为当前的研究热点，如图 6-11 所示。

资料来源：中国知网（CNKI）。

图 6-11 2016—2020 年印刷业科研论文研究热点

2016—2020 年，在包装印刷科研论文细分研究主题中，排名前 10 的科研主题分别为：包装印刷统计次数为 229 次，占比 26.0%；印刷包装统计次数为 129 次，占比 14.6%；包装印刷行业统计次数为 101 次，占比 11.5%；包装印刷企业统计次数为 68 次，占比为 7.9%；印刷包装企业统计次数为 66 次，占比为 7.5%；印刷包装行业统计次数为 52 次，占比为 5.9%；挥发性有机物统计次数为 38 次，占比为 4.3%；包装设计统计次数为 18 次，占比为 2.0%；智能包装统计次数为 17 次，占比为 1.9%；数字印刷技术统计次数为 17 次，占比为 1.9%。以上 10 个研究主题的数量占到印刷包装科研领域主题总量的 83.5%，如表 6-35 所示。

表 6-35　2016—2020 年包装印刷领域 TOP10 研究主题

排名	研究主题	研究主题数量	占比 /%
1	包装印刷	229	26.0
2	印刷包装	129	14.6
3	包装印刷行业	101	11.5
4	包装印刷企业	68	7.9
5	印刷包装企业	66	7.5
6	印刷包装行业	52	5.9
7	挥发性有机物	38	4.3
8	包装设计	18	2.0
9	智能包装	17	1.9
10	数字印刷技术	17	1.9

资料来源：中国知网（CNKI）。

2016—2020 年，中国印刷产业的论文期刊中科研论文被引用最多的前 10 大期刊分别是《印刷技术》《今日印刷》《印刷杂志》《广东印刷》《印刷工业》《印刷经理人》《数字印刷》《网印工业》《丝网印刷》《标签技术》，其中《印刷技术》《今日印刷》《印刷杂志》这三个期刊中的论文被引用量分别为 1637 次、1448 次和 1246 次，这几个期刊在印刷行业科研领域具有比较重要的地位，如表 6-36 所示。

表 6-36　2016—2020 年印刷业 TOP10 期刊被引用情况分析

排名	期刊名称	引用次数 / 次
1	《印刷技术》	1637
2	《今日印刷》	1448
3	《印刷杂志》	1246
4	《广东印刷》	1221
5	《印刷工业》	1144
6	《印刷经理人》	827
7	《数字印刷》	800
8	《网印工业》	714
9	《丝网印刷》	708
10	《标签技术》	601

资料来源：中国知网（CNKI）。

2016—2020 年，中国印刷产业的科研论文主要发表在《今日印刷》《印刷技术》《印刷工业》《广东印刷》《印刷杂志》《造纸信息》《中国印刷》《丝网印刷》《数字印刷》《印刷经理人》10 大期刊，其中《今日印刷》《印刷技术》《印刷工业》收录的印刷产业论文量最多，分别为 1561 篇、1373 篇和 1151 篇，以上 10 种期刊在印刷业具有较大的影响力，如表 6-37 所示。

表 6-37　2016—2020 年印刷业 TOP10 期刊发文情况

排名	期刊名称	发文数量 / 篇
1	《今日印刷》	1561
2	《印刷技术》	1373
3	《印刷工业》	1151
4	《广东印刷》	1109
5	《印刷杂志》	1053
6	《造纸信息》	885
7	《中国印刷》	841
8	《丝网印刷》	790
9	《数字印刷》	774
10	《印刷经理人》	691

资料来源：中国知网（CNKI）。

2016 年到 2020 年，国内期刊发表的印刷业科研论文中，受各类科学基金资助项目产出的论文共计有 1255 篇，科学基金类型以国家级、省部级市和专项基金为主。其中，对印刷业科研的支持力度最大的前 10 种基金，分别为国家自然科学基金、国家社会科学基金、国家重点研发计划、教育部人文社会科学研究项目、陕西省自然科学基础研究计划项目、中国博士后科学基金、北京市教育委员会科技发展计划项目、北京市自然科学基金、中央高校基本科研业务费专项资金项目和陕西省教育厅科研计划项目。

受国家自然科学基金、国家社会科学基金和国家重点研发计划支持的印刷业科研论文数量为 519 篇、228 篇和 58 篇，占比分别为 41.35%、18.16% 和 4.62%。如表 6-38 所示。

表 6-38 2016—2020 年科研基金对印刷业科研论文支持情况

排名	基金名称	受支持的论文数量 / 篇
1	国家自然科学基金	519
2	国家社会科学基金	228
3	国家重点研发计划	58
4	教育部人文社会科学研究项目	39
5	陕西省自然科学基础研究计划项目	34
6	中国博士后科学基金	29
7	北京市教育委员会科技发展计划项目	26
8	北京市自然科学基金	24
9	中央高校基本科研业务费专项资金项目	21
10	陕西省教育厅科研计划项目	21

资料来源：中国知网（CNKI）。

研究案例：企业竞争情报分析——佛山市金利佳印刷厂

7.1 公司概况

CI 编号	CHN001731868
公司名称	佛山市金利佳印刷厂（普通合伙）
运营地址	广东省佛山市三水区南山镇漫江工业园 9-2 号（528000）
注册地址	广东省佛山市三水区中心科技工业区迳口园 A 区 9-2 号（528000）
电话	（86）757-87219231
传真	（86）757-87219231
成立日期	2001-12-13
业务范围	制造商，纸质文具等
所属行业	本册印制
行业代码	2312
是否上市	否
进出口许可证	无
销售额	2887000.00(2014)
净利润	222000.00(2014)
净值	2247000.00(2014-12-31)
资产总计	12772000.00(2014-12-31)
员工人数	50
企业规模	微型
财务状况	一般
趋势	不稳定
付款记录	无法评价

续表

CI 违约率	BB
CI 评价	2.35% ～ 3.99%
CI 说明	实力欠佳，抗风险能力欠佳，资信状况欠佳
	货币单位：人民币计价（除非特别说明）。“行业代码”采用的是国民经济行业分类标准。 “企业规模”划定依据为国家统计局、发改委、财政部等单位共同制定的《大中小型企业划分标准》

7.2 注册信息

注册日期	2001-12-13
注册机关	广东省佛山市三水区工商行政管理局
机构代码	735002680
增值税号	440603735002680
注册号	440602000061049
企业类型	合伙企业
经营期限	无期限
经营范围	包装装潢印刷品、其他印刷品印刷（依法须经批准的项目，经相关部门批准后方可开展经营活动）
备注	目标公司注册地址和办公地址实际为同一地址。 目标公司统一社会信用代码为91440607735002680G。目标主体为普通合伙企业，属企业非法人，无注册资本和法定代表人，合伙人对合伙企业债务承担无限连带责任。其出资额为15.2万元人民币，执行合伙企业事务的合伙人为区活其。 本次调查仅获得目标公司部分合伙人变更记录，仅供委托方参考

7.3 历史沿革

变更时间	变更内容	变更前	变更后
2011-11-08	经营期限	2001-12-13 至 2011-11-25	现状
2011-05-25	企业名称	佛山市禅城区文海纸品厂（普通合伙）	现状
2011-05-25	地址	佛山市禅城区石湾镇街道石头乡原佛山市皮鞋厂内车间	现状
2011-05-25	经营期限	2001-12-13 至长期	2001-12-13 至 2011-11-25

续表

变更时间	变更内容	变更前	变更后
2008-07-02	企业名称	佛山市禅城区文海纸品厂	佛山市禅城区文海纸品厂（普通合伙）
2008-07-02	地址	澜石镇石头乡原佛山市皮鞋厂内车间	佛山市禅城区石湾镇街道石头乡原佛山市皮鞋厂内车间
2008-07-02	注册号码	4406032200130	现状
2005-11-25	企业名称	佛山市石湾区文海纸品厂	佛山市禅城区文海纸品厂

7.4 股份结构

股东	企业注册号 / 自然人身份证号	出资额	持股比例	股东类型
区活其		102000.00	67.11%	自然人
区定文		50000.00	32.89%	自然人

股份结构变更		
变更时间	变更前	变更后
2013-09-03	区活其（34.22%）、区定文（32.89%）、区仕杰（32.89%）	区活其（34.22%）、区定文（32.89%）、区志成（32.89%）
2015-08-20	区活其（34.22%）、区定文（32.89%）、区志成（32.89%）	现状

7.5 主要管理人员信息

姓名	区活其
性别	男
职务	厂长
是否 CEO	是
职责	全面负责
目前担任目标公司厂长，其他情况不详。	

7.6 财务状况

审计单位：一；币种：人民币			
资产负债表 / 千元			
数据时间	2014-12-31	2013-12-31	2012-12-31
数据来源	第三方 1	第三方 1	第三方 1
是否审计 / 是否合并	否 / 否	否 / 否	否 / 否
货币单位	千元	千元	千元
货币资金	—	—	—
结算备付金	—	—	—
拆出资金	—	—	—
交易性金融资产	—	—	—
应收票据	—	—	—
应收账款	—	—	—
预付账款	—	—	—
应收保费	—	—	—
应收分保账款	—	—	—
应收分保合同准备金	—	—	—
应收利息	—	—	—
其他应收款	—	—	—
应收股利	—	—	—
买入贩售金融资产	—	—	—
存货	—	—	—
一年内到期的非流动资产	—	—	—
其他流动资产	—	—	—
流动资产合计	—	—	—
发放贷款及垫款	—	—	—
可供出售金融资产	—	—	—
持有至到期投资	—	—	—
长期应收款	—	—	—
长期股权投资	—	—	—

续表

投资性房地产	—	—	—
固定资产	—	—	—
在建工程	—	—	—
工程物资	—	—	—
固定资产清理	—	—	—
生产性生物资产	—	—	—
油气资产	—	—	—
无形资产	—	—	—
开发支出	—	—	—
商誉	—	—	—
长期待摊费用	—	—	—
递延所得税资产	—	—	—
其他非流动资产	—	—	—
非流动资产合计	—	—	—
资产总计	12772.00	10784.00	10856.00
数据时间	2014-12-31	2013-12-31	2012-12-31
数据来源	第三方 1	第三方 1	第三方 1
短期借款	—	—	—
向中央银行借款	—	—	—
吸收存款及同业存放	—	—	—
拆入资金	—	—	—
交易性金融负债	—	—	—
应付票据	—	—	—
应付账款	—	—	—
预收款项	—	—	—
卖出回购金融资产款	—	—	—
应付手续费及佣金	—	—	—
应付职工薪酬	—	—	—
应交税费	—	—	—
应付利息	—	—	—
应付股利	—	—	—

续表

其他应付款	—	—	—
应付分保账款	—	—	—
保险合同准备金	—	—	—
代理买卖证券款	—	—	—
代理承销证券款	—	—	—
一年内到期的非流动负债	—	—	—
应付短期债券	—	—	—
其他流动负债	—	—	—
流动负债合计	—	—	—
长期借款	—	—	—
应付债券	—	—	—
长期应付款	—	—	—
专项应付款	—	—	—
预计负债	—	—	—
递延所得税负债	—	—	—
其他非流动负债	—	—	—
非流动负债合计	—	—	—
负债合计	10525.00	8822.00	—
实收资本（或资本）	—	—	—
资本公积金	—	—	—
减：库存股	—	—	—
盈余公积金	—	—	—
一般风险准备	—	—	—
未分配利润	—	—	—
外币报表折算差额	—	—	—
未确认的投资损失	—	—	—
归属于母公司所有者权益合计	—	—	—
* 少数股东权益	—	—	—
所有者权益合计	2247.00	1962.00	—
负债和所有者权益总计	12772.00	10784.00	10856.00

利润表			
数据时间	FY2014	FY2013	FY2012
数据来源	第三方 1	第三方 1	第三方 1
是否审计 / 是否合并	否 / 否	否 / 否	否 / 否
货币单位	千元	千元	千元
一、营业总收入	2887.00	2586.00	5984.00
营业收入	2887.00	2586.00	5984.00
利息收入	—	—	—
已赚保费	—	—	—
手续费及佣金收入	—	—	—
二、营业总成本	—	—	—
营业成本	—	—	—
利息支出	—	—	—
手续费及佣金支出	—	—	—
退保金	—	—	—
赔付支出净额	—	—	—
提取保险合同准备金净额	—	—	—
保单红利支出	—	—	—
分保费用	—	—	—
营业税金及附加	—	—	—
销售费用	—	—	—
管理费用	—	—	—
财务费用	—	—	—
资产减值损失	—	—	—
加：公允价值变动收益（损失已“-”填列）	—	—	—
投资收益（损失已“-”填列）	—	—	—
其中：对联营企业和合营企业的投资收益	—	—	—
汇兑收益（损失已“-”填列）	—	—	—
三、营业利润	—	—	—
加：营业外收入	—	—	—
减：营业外支出	—	—	—

续表

利润表			
其中：非流动资产处置净损失	—	—	—
四、利润总额	259.00	65.00	-165.00
减：所得税	37.00	24.00	—
加：未确认的投资损失	—	—	—
五、净利润	222.00	41.00	-384.00
减：少数股东损益	—	—	—
归属于母公司所有者的净利润	222.00	41.00	-384.00

主要财务数据			
数据时间	2014-12-31	2013-12-31	2012-12-31
数据来源	第三方 1	第三方 1	第三方 1
营业总收入	2887.00	2586.00	5984.00
净利润	222.00	41.00	-384.00
资产合计	12772.00	10784.00	10856.00
营运资本	—	—	—
负债合计	10525.00	8822.00	—
净资产	2247.00	1962.00	—
流动资产	—	—	—
流动负债	—	—	—
固定资产	—	—	—

财务比率表			
数据时间	2014-12-31	2013-12-31	2012-12-31
数据来源	第三方 1	第三方 1	第三方 1
偿债能力			
流动比率	—	—	—
速动比率	—	—	—
资产负债率 /%	82.41	81.81	—
净资产负债率 /%	468.40	449.64	—
运营能力			

续表

财务比率表			
应收账款周转期 / 天	—	—	—
应付账款周转期 / 天	—	—	—
存货周转期 / 天	—	—	—
总资产周转率 / 次	0.25	0.24	—
盈利能力			
总资产收益率 /%	1.88	0.38	-3.54
净资产收益率 /%	10.55	2.09	—
毛利率 /%	—	—	—
净利率 /%	7.69	1.59	-6.42
发展能力			
营业收入增长率 /%	11.64	-56.78	—
毛利增长率 /%	—	—	—
净资产增长率 /%	14.53	—	—

CI 说明
目标公司已经提交了 2014 年年度报告，但目标公司为合伙企业，不对外编制完整财务数据，本次仅获得最近三年部分主要财务信息，且 2012 年负债合计科目缺失，仅供委托方参考；目标公司 2014 年营业总收入和净利润较 2013 年上升，本次调查未能获得具体原因

7.7 银行信息

CI 说明
经正面、侧面调查，均未获得目标公司的任何银行信息

7.8 经营状况

主营业务

制造商，纸质文具等
目标公司主要从事纸质文具的生产和销售业务，产品主要包括笔记本、线圈本、日记本等，产品主要用于办公使用。 目标公司目前拥有印刷机 6 台，同时配套有后工序装订和包装设备，企业可根据客户需求进行产品设计和加工，生产技术和生产能力较高

销售信息

销售概况	
内销地区	华东和华南
销售网络	目标公司生产的产品主要国内销售，销售区域集中在华东和华南地区，客户主要为上述地区的出口贸易企业等。目标公司与客户结算主要通过 T/T、支票等方式，结算期限一般为即期，最长为 30 天

采购信息

采购概况	
内购地区	华南等
国内采购内容	纸张、油墨及其他辅料等
备注	
目标公司生产所需的材料主要国内采购，采购地区集中在华南地区，供应商主要为上述地区的生产和贸易企业等。目标公司与供应商结算主要通过 T/T、支票等方式，结算期限一般为即期，最长为 30 天	

经营场所

经营场所面积	400 平方米
经营场所所有形式	租用
经营场所位置	工业区
备注	目标公司厂房地址在广东省佛山市三水区南山镇漫江工业园 9-2 号，总占地面积约为 20000 平方米，办公面积约为 400 平方米

7.9 员工信息

员工总数	50

7.10　付款记录

截至报告日，我们未查到目标公司的任何付款记录

7.11　法律纠纷

截至报告期，在目标公司所在地法院、其他法院网站及主要搜索网站，均未发现目标公司的诉讼记录

7.12　公共信息

截至报告日，我们未查到目标公司的任何负面信息

7.13　行业分析

国家统计局统计结果显示，截至 2015 年 6 月底，本册印制行业 2015 年 1—6 月、2014 年 2013 年规模以上企业数量分别为：216 家、212 家、217 家；平均资产总计分别为 11123.57 万元、9984.99 万元、9307.76 万元；平均应收账款净额分别为 1701.28 万元、1547.88 万元、1291.28 万元；平均销售收入分别为 8621.11 万元、17789.41 万元、15548.33 万元；平均利润总额分别为 596.89 万元、1510.44 万元、1149.05 万元；其中亏损企业数量分别为 31 家、18 家、18 家；亏损企业占比分别为 14.35%、8.49%、8.29%

7.14　经营情报综述

目标公司成立于 2001 年 12 月 13 日，合伙人为区活其（67.11%）、区定文（32.89%），资金数额为 15.2 万元人民币，企业类型为普通合伙企业，所属行业为本册印制（行业代码 2312），员工人数约为 50 人。
目标公司主要从事纸质文具的生产和销售业务，产品主要包括笔记本、线圈本、日记本等印刷品。2014 年营业总收入 288.7 万元，同比增长 11.64%，净利润 22.2 万元，净利润率 7.69%，2013 年净利润 4.1 万元。截至 2014 年期末，目标公司总资产 1277.2 万元，净资产 224.7 万元，资产负债率 82.41%

8 印刷业开展竞争情报研究价值的建议

本课题研究中，研究团队从竞争情报视角出发，立足于对中国印刷产业的现状及未来的发展态势的研究，提出了基于竞争情报理论的印刷产业研究总体框架的理论模型，构建了宏观竞争环境分析、产业态势大数据情报分析、进出口情报分析、产业科研情报分析、重点企业竞争情报分析等五个细分的研究子模型。针对政府主管部门、产业园区和大型企业集团普遍关注的国际国内竞争环境、市场竞争情报、技术竞争情报、进出口情报、专利情报、学科情报等核心维度，采用专业的信息情报获取技术和竞争情报分析方法，融合运用大数据分析挖掘技术，实现了对数据的多维度分析、精细化的统计及可视化展现。

竞争情报领域的现有研究中，更多的是从如何开展产业竞争情报研究进行学术范围的探究，本课题既融合有研究建模的理论高度，且深入围绕中国印刷业的发展，对国际国内印刷业信息情报进行了广泛的搜集、整理、分析，开展了大量的大数据的挖掘、分析工作。本课题研究，为北印图书情报一级学科建设工作的开展，实现了产业竞争情报研究的理论框架的建设的同时，也从竞争情报视角对印刷业进行了多维度的实证研究，为下一步继续开展印刷图情学科的教学和研究创建了案例和模板。

“十四五”期间，我国印刷业将从品牌战略、重大项目带动战略、先进产业集群战略、融合发展战略、走出去战略及人才兴业战略六方面推进产业的高质量发展。2021—2025 年，围绕如何推动“六大战略”在高校教育科研机构的落实落地，如何结合到北印图书情报一级学科建设工作的开展，课题研究团队谨从以下三个方面给出建议：

加强和提升中国印刷业的产学研各界，对竞争情报应用重要性的意识的培养；以北京印刷学院开展的图书情报学科建设为先导，培养具有竞争情报知识和素养的人才队伍，服务于“十四五”印刷产业重大战略的实施；联合建立中国印刷产业情报中心，从理论研究、项目实践角度探索图情学科服务于产业创新发展的流程和新模式，为信息的获取、储存、更新、整序、评估、分析和发布起到教学示范和实践引领作用。

总体来看，印刷产业从图情学科建设角度开展竞争情报的研究、实践，为产业的发展带来了全新的视野，也为竞争情报学科的应用搭建了广阔的产业舞台。

由于时间有限，本团队也是初次进入印刷行业开展竞争情报研究，还存在以下两点缺憾：（1）市场情报、技术情报的研究需要实践经验和长期的信息情报监测的积累，2 个月的工作期只触及表层，不能深入发现真实痛点；（2）大数据研究的深入程度不够，经费限制了对全景数据的采集、分析和挖掘，未能实现从地理信息系统的维度，全面构画出产业全景式的园区、集群的分布地图。

下一步的研究设想：**对标世界一流**。（1）对标国际印刷强国，设计对标维度、指标，找出优势和差距，定位赶超战略，也就是说制定政策和“十四五”规划等是需要从竞争情报角度，先解决标杆在哪里，才能有目标、方向的赶超和做优、做强；（2）对标世界印刷巨头的研发、工艺等，从企业层面开展国际国内重点竞争对手的市场情报、技术情报、进出口情报的细致研究；（3）对标关键技术或专利情报跟踪专题，突破技术制约和壁垒；（4）关键技术领军人物、团队的长期跟踪研究，形成系列定期的动态情报简报、月报等。总之，从情报服务出发，开展学科教学和研究工作，彰显北印的情报服务实力和服务精神。

参考文献

[1] 包昌火，谢新洲 . 竞争情报丛书 [M]. 北京：华夏出版社，2001.

[2] 陈峰 . 竞争情报理论方法与应用案例 [M]. 北京：科学技术文献出版社，2014: 141-142.

[3] 张立超，房俊民，高士雷 . 产业竞争情报的内涵、意义及范畴界定 [J]. 情报杂志，2010, 29(06): 152-156.

[4] 秦铁辉，马德辉 . 竞争情报教育适时的概念性教材：简评《竞争情报》一书 [J]. 情报科学，2005 (7): 1119-1120.

[5] 沈固朝 . 竞争情报的理论与实践 [M]. 北京：科学出版社，2008.

[6] 张妍妍，余波，温亮明 . 我国情报学硕士研究生竞争情报教育现状分析 [J]. 情报工程，2017, 3(01): 108-118.

[7] 黄晓斌，张晓曼 . 台湾高校竞争情报课程设置的调查与分析 [J]. 图书馆学研究，2018(15): 18-24.

[8] 陶庆久 . 美国竞争情报教育现状 [J]. 竞争情报，2016, 12(06): 14-16.

[9] 包昌火，谢新洲 . 竞争情报导论 / 信息分析丛书 [M]. 北京：清华大学出版社，2011.

[10] 陶翔，张左之 . 竞争环境监视 / 竞争情报丛书 [M]. 北京：华夏出版社，2006.

[11] 陈峰，胡逸宬 . 产业竞争情报源评价研究 [J]. 情报杂志，2015, (9): 1-5.

[12] 包昌火 . 情报研究方法论 [M]. 北京：科学技术文献出版社，1990.